Die Schaltungsarten der Haus- und Hilfsturbinen

Ein Beitrag zur Wärmewirtschaft der Kraftwerksbetriebe

Von

Dr.-Ing. Herbert Melan

Mit 33 Textabbildungen

Berlin
Verlag von Julius Springer
1926

ISBN-13: 978-3-642-90093-8 e-ISBN-13: 978-3-642-91950-3
DOI: 10.1007/978-3-642-91950-3

Sofrcover reprint of the hardcover 1st edition 1926

Vorwort.

Die Bestrebungen der letzten Jahre, den Kohlenverbrauch der Kraftwerke einem unteren Grenzwert zuzuführen, befaßten sich vornehmlich mit der Entwicklung der Hauptmaschinen und mit den Verbesserungen der Wärmewirtschaft durch Einführung des Hochdruckbetriebes, der Anzapfdampfvorwärmung des Speisewassers und der Zwischenüberhitzung.

Mit diesen Zielen des neuzeitlichen Kraftwerksbaues und Kraftwerksbetriebes gewinnt auch die Frage der Hilfsmaschinenantriebe immer mehr an Bedeutung, da deren Ausführungen im engsten Zusammenhang mit der Wärmewirtschaft des ganzen Kraftwerkes stehen.

In den weitaus meisten Fällen ist der elektrische Antrieb der für den Betrieb der Hauptanlage notwendigen Hilfsmaschinen der wirtschaftlichste. Wenn trotzdem eine sehr große Anzahl von Einzelantrieben durch kleine Dampfturbinen ausgeführt wird, so liegt dies in der Eigenart des betreffenden Betriebes begründet. Die Schaffung einer vom Stromnetz unabhängigen Kraftquelle dürfte wohl auch heute noch zu den Hauptursachen zählen, die für die Aufstellung der einen oder anderen Kleinturbine sprechen. Aber neben diesen primären Momenten — Betriebsbereitschaft, Reserve usw. — zwingen die heutigen Verhältnisse zu einem tieferen Eingehen auf die sekundären Einflüsse — Abdampfverwertung, Wärmewirtschaft —, die ein solcher Hilfsturbinenantrieb mit sich bringt.

Bei Großkraftwerken können diese Sonderaufgaben, die ein Hilfsantrieb zu erfüllen hat, durch Aufstellung eines sog. Hausturbosatzes gelöst werden, welcher ein eigenes Sammelschienensystem speist, von welchem wieder die mit Motoren ausgestatteten Einzel- oder Gruppenantriebe mit Strom versorgt werden können. Die Verknüpfung der Wärmewirtschaften der Hauptmaschinen und dieses Hausturbosatzes gehört zu den Hauptaufgaben modernen Großkraftwerksbaues.

Die vorliegende Studie unternimmt den Versuch, nach kurzem Eingehen auf die Arbeitsweise der für den Einzelantrieb geeigneten einfachen Hilfsturbinen einen Überblick über die bekanntesten Schaltungsarten der Haus- und Hilfsturbinen zu geben, wobei auch der Einfluß neuzeitlicher Bestrebungen erörtert werden soll. Die angeführten

Formeln sind Näherungsformeln und erheben daher keinen Anspruch auf absolute Genauigkeit. Der Hauptwert wurde auf für den praktischen Gebrauch zugeschnittene Formen gelegt.

Zum Schluß sollte angedeutet werden, auf welche Art und Weise ein Vergleich der wichtigsten Schaltungsarten vorgenommen und eine Wertung der einzelnen Fälle gewonnen werden kann. Hierbei konnten naturgemäß nur die Hauptfälle nähere Berücksichtigung finden und von den Sonderfällen nur einzelne besonders interessante Anordnungen herausgegriffen werden.

Wenn es gelungen ist, den ausführenden und betriebsleitenden Ingenieur auf ein bisher wenig beachtetes Gebiet in zusammengedrängter Form aufmerksam zu machen und ihn zum weiteren Forschen anzuregen, so ist der Zweck der Schrift als erfüllt anzusehen.

Berlin-Siemensstadt, im Mai 1926.

Dr. H. Melan.

Inhaltsverzeichnis.

Einleitung.

Die großen Kraftzentralen erzeugen ihren Strom in der überwiegenden Mehrzahl der Fälle in Kondensationsturbosätzen, in denen der Dampf bis auf einen der Kühlwassertemperatur entsprechenden Druck entspannt wird. Durch die Eigenart des Prozesses ist bedingt, daß ein großer Teil der zugeführten Wärmeeinheiten wieder an das Kühlwasser abgegeben werden muß. Zur Arbeitsleistung in der Turbine können daher nur jene Beträge an Wärmeeinheiten herangezogen werden, welche durch den Anfangszustand und den Enddruck des Dampfes bestimmt sind. Infolge der unvermeidlichen Verluste in der Turbine gelingt die Ausnutzung dieses zur Verfügung stehenden (adiabatischen) Gefälles nur bis zu einem gewissen Grade. Das Verhältnis der wirklichen zur theoretisch möglichen Gefällshöhe wird bekanntlich thermodynamischer Wirkungsgrad genannt. Das Bestreben, diesen Wert einem Maximum möglichst nahezubringen, ist eine Hauptaufgabe des Turbinenbaues und beschäftigt vornehmlich den Konstrukteur, und zwar in um so höherem Maße, je höher Anfangsdruck und Anfangstemperatur gesteigert werden, also je größer das zur Verfügung stehende Wärmegefälle wird. Die in den letzten Jahren hier erzielten Fortschritte sind bekannt.

Die weitere Hebung des Turbinenwirkungsgrades durch konstruktive Maßnahmen ist voraussichtlich nur um wenige Prozente möglich. Dagegen kommen in letzter Zeit Einrichtungen und Betriebsverfahren immer häufiger zur Anwendung, durch welche eine wesentliche Steigerung des Prozeßwirkungsgrades hervorgerufen wird. Es sind dies:

1. das Übergehen zum Hoch- und Höchstdruckbetrieb,
2. die stufenweise Anzapfung zur Speisewasservorwärmung,
3. die Zwischenüberhitzung.

Durch die Anwendung der bereits seit 1876[1]) bekannten und 1906 von Ferranti erstmalig ausgeführten mehrfachen Anzapfvorwärmung werden die in das Kühlwasser gesandten Wärmemengen auf ein Mindestmaß gebracht. Ein Teil der Wärme wird im Gegendruckbetrieb wiedergewonnen und dem Kreisprozeß wieder zugeführt. Daher auch der

[1]) 1876 J. Weir und 1889 Normand ließen Dampf, der teilweise expandiert hatte, in einem Vorwärmer Speisewasser anwärmen.

Name „Regenerativverfahren". Heute sind diese Verhältnisse so bekannt, daß ein weiteres Eingehen sich hier erübrigt. In der folgenden Zahlentafel soll ein Bild über die Größenordnung der Ersparnisse gegeben werden, die sich mit der Anwendung der drei Mittel erzielen lassen[1])[2]):

Zahlentafel 1.

Baujahre	Einheitsleistung	Kesseldruck	Dampftemperatur	$\frac{WE}{kWh}$	therm. Wirkungsgrad
1903	5 000 kW	12,3 at	192°	9320	9,2%
1914	20 000 „	14 „	309°	5550	15,5%
1923	30 000—35 000 kW mittlere Ausführung	16,2 „	330°	5040	17,1%
1923	30 000—45 000 kW beste Ausführung	16,2—17,6 at	330—344°	4530	19,0%
1924	30 000—50 000 kW mit Anzapfg.	26,3 at	371°	3960	21,7%
1924	35 000—60 000 „ mit Anzapfg. und einfacher Zwischenüberhitzung	38,7 „	385°	3650	23,6%
1924	100 000 kW mit Anzapfung und einfacher Zwischenüberhitzung	38,7 „	385°	3570	24,1%
1924	100 000 kW mit Anzapfung und zweifach. Zwischenüberhitzung	84 „	385°	3230	26,6%

Neben dem Bestreben, den Prozeßwirkungsgrad der Hauptturbinen einer Kraftzentrale einem oberen Grenzwert zuzuführen, entsteht aber auch die Forderung, **den thermischen Effekt der Hilfsbetriebe so günstig als möglich zu gestalten.**

Jeder Kraftwerksbetrieb hat zum Betrieb der Hauptmaschinen eine Anzahl von Hilfsaggregaten nötig, die im Kraftwerk zerstreut aufgestellt sind und welche ihren Antrieb auf vier Arten erhalten können:

1. Durch Dampfantrieb in einzelnen Gruppen oder Einheiten.
2. Durch elektrischen Antrieb von der Hauptsammelschiene.
3. Durch elektrischen Antrieb von einer Hilfssammelschiene, die durch einen sog. Hausgenerator gespeist wird. Der Antrieb des letzteren erfolgt entweder durch die Hauptturbine oder durch eine besondere Hausturbine.
4. Durch eine Kombination der Fälle 1 bis 3.

[1]) Nach Rice in General Electric Rev. Sept. 1924.

[2]) S. auch Gleichmann: Wasserdampfturbine und Dieselmotor. Arch. Wärmewirtsch. H. 4, April 1925; ferner: Der Wärmefluß in Kraftwerken. Münchener Festschr. der Mitt. V. El.-Werke, S. 17, 1925; Dr. A. Hamm: Neueste Entwicklung im amerikanischen Kraftwerkbau. Mitt. V. El.-Werke Nr. 398. 1925.

Es ist ohne weiteres einzusehen, daß bei kleinen oder mittleren Anlagen der Fall 2 der günstigste sein wird. Denn selbst die zweifachen elektrischen Verluste, in der Hauptmaschine und an der Verwendungsstelle des in Frage kommenden Hilfsbetriebes, werden durch den Vorteil des hohen Turbinenwirkungsgrades der Hauptturbine mehr als ausgeglichen, gegenüber den verhältnismäßig niedrigen thermodynamischen Wirkungsgraden der dampfbetriebenen Einzelaggregate.

Bei größeren Kraftwerken erreicht auch die Anordnung 3 der Hausturbine nach amerikanischem Vorbild bald die Werte, wie sie durch die Anordnung 2 gegeben sind, da der thermodynamische Wirkungsgrad von einer bestimmten Leistung an praktisch gleichbleibt.

Es ist klar, daß man bestrebt sein wird, bei Dampfantrieben den Abdampf soweit als möglich zur Speisewasservorwärmung heranzuziehen. Infolge der Kleinheit der einzelnen, weiter unten noch näher bezeichneten Aggregate wird die kW-Zahl aus der gleichen Dampfmenge aber geringer sein, als die kW-Leistung, die diese Dampfmenge in dem Hochdruck- und Mitteldruckteil der Hauptturbine erzielen läßt.

Bei der zentralen Hilfskrafterzeugung durch die Hausturbine ist die Einhaltung eines möglichst hohen thermodynamischen Wirkungsgrades von besonderer Bedeutung. Auch hier wird danach gestrebt werden müssen, möglichst viel Leistung im Gegendruckbetrieb zu erzielen. Der Restteil der nötigen Leistung wird aber schließlich doch wegen der unvermeidlichen Schwankungen auf dem Kondensationsweg erzeugt werden müssen, so daß die allgemeine Form der Hausturbine die sog. Entnahmeturbine vorstellen wird, welche eine Reihe von Anzapfstellen erhält, die entsprechend dem Wärmekreislauf der Vorwärmung des Speisewassers angeordnet sind. Es ist auch vorgeschlagen worden, den Hilfskondensator fortzulassen und die Hausturbine als Entnahme-Gegendruckturbine zu betreiben. Der größte Teil der aufgewandten Wärme wird dem Kreislauf wieder zugeführt. Da aber einerseits die aus dem Vorwärmdampf erzielte Leistung in der Regel den Eigenbedarf des Werkes überwiegt und andererseits auch ein Ausgleich für die Belastungsschwankungen vorgesehen werden muß, wird eine Verbindung der Hilfssammelschine mit der Hauptsammelschine notwendig. Überschießende Leistung, aus dem Vorwärmdampf als Gegendruckkraft gewonnen, wird als Nutzleistung in das Netz abgegeben. Dadurch aber verliert diese Schaltungsart die Vorzüge, die sie früher durch die vollständige Unabhängigkeit vom Hauptnetz hatte, wenn nicht durch besondere Einrichtungen Vorsorge getroffen wird, daß Störungen im Hauptnetz vom Eigenbedarfsnetz der Zentrale ferngehalten werden.

Es dürfen also für die Wahl der Antriebsart nicht allein wärmewirtschaftliche Ansichten maßgebend sein. Den Ausschlag gibt immer die Betriebssicherheit. Je nach den Anforderungen des Betriebes wird man trotz des etwas schlechteren Effektes den einen oder anderen Antrieb mittels kleiner Dampfturbine ausführen, um vom Fremdstrombezug beim Anlassen der Kondensation usw. auf alle Fälle unabhängig zu sein, oder doch wenigstens einen Reservedampfantrieb außer dem elektrischen vorsehen. In dieser Hinsicht kommt der amerikanische Vorschlag einer vom Hauptnetz unabhängigen Hausturbine, die den Strom für den Eigenbedarf des Werkes liefert, den Anforderungen des Betriebes am nächsten. Sie erfordert allerdings eine 100 proz. Reserve und ist wirtschaftlich bei Großkraftwerken nur von einer bestimmten Leistung an zu bauen.

I. Die Hilfsturbinen, ihre Arbeitsweise und ihre Regelung.

1. Die Hilfsantriebe einer normalen Kondensationskraftanlage.

Als Hilfsmaschinen kommen in Betracht:

1. Im Kesselhaus:

α) Die Turbokesselspeisepumpen.

β) Die Rostantriebe.

γ) Die Ventilatoren zur Erzeugung künstlichen Zuges.

δ) Die Raumventilatoren zur Belüftung.

ε) Die verschiedenen Umlaufpumpen für die Wasserbeschaffung und Reinigung.

ζ) Die Antriebe für die Kohlenzufuhr, Mahl- und Transporteinrichtungen. (In- und außerhalb des Kesselhauses.)

2. Im Maschinenhaus:

α) Die Turbokondensatpumpen.

β) Die Turbokühlwasserpumpen.

γ) Die Turboluftpumpen.

δ) Die Raumventilatoren.

ε) Die Ölpumpen.

ζ) Die verschiedenen kleinen Hilfspumpen, die nicht dauernd in Betrieb sind.

Für den wirtschaftlichen Dampfbetrieb eignen sich nur einige der angeführten Gruppen. Als die wichtigsten wären die Turbokesselspeisepumpen und die für die Kondensation nötigen Hilfsmaschinen zu nennen. Im allgemeinen wird aber auch hier der elektrische Einzelantrieb für den Betrieb die Regel sein, wenn nicht die am Schluß des vorgegangenen Abschnittes angeführten Gründe für die Beibehaltung des Dampfantriebes sprechen.

Der Kraftbedarf der einzelnen Antriebe ist vor allem von der Größe des Kraftwerkes abhängig. Er schwankt je nach den Aufbereitungsverhältnissen des Brennstoffes, dem Kesseldruck, der Kühlwassertemperatur usw. etwa zwischen 8—3% der Kraftwerksleistung. Der erstgenannte Wert bezieht sich auf kleine Anlagen, der zweite auf Großkraftwerke. Unter Kraftwerksleistung ist die größte Dauerleistung der Zentrale zu verstehen. Sie setzt sich daher aus der in die Fernleitung abgegebenen Nutzleistung (N_e) und der für den Eigenbedarf der Anlage nötigen Hilfsmaschinenleistung (n_e) zusammen.

Im nachstehenden sind die anteiligen Leistungsbeträge der Hilfsmaschinen für zwei Kraftwerke zusammengestellt.

Die Angaben der Zahlentafel 2 beziehen sich auf Verhältnisse, die im Braunkohlenkraftwerksbau für mittlere Drücke und Kühlturmbetrieb vorherrschen. Sie sind unter Anlehnung an die Betriebsverhältnisse des Kraftwerks Fortuna II der Rheinischen Elektrizitätswerke im Braunkohlenrevier A.-G., Köln[1]) für ein Kraftwerk von 80 000 kW installierter Leistung zusammengestellt. Die Zahlen sind ca.-Werte.

Zahlentafel 2[2]).

Braunkohlenkraftwerk, 80 000 kW, in unmittelbarer Nähe der Grube errichtet.
Treppenrostfeuerung und natürlicher Zug. Kühlturmbetrieb.

Dampfdruck an den Kesseln: 15,5 at(Üb.)
Temperatur „ „ „ 375° C.

1. Anteiliger Eigenkraftbedarf im Kesselhausbetrieb:

a) Außerhalb. Kohlenbeschaffung und Aufbereitung.		b) Im Kesselhaus (ausschließlich Reserve).	
Kohlentransport	0,10%	Speisepumpen	0,56 %
Brecher	0,05%	Kompressor	0,075%
Schrägaufzug	0,03%	Wasserreinigung	0,12 %
Bagger und Grubenbetrieb	0,24%	Rußkratzer	0,078%
Beleuchtung	0,02%	Förderband	0,185%
Summe etwa	0,44%	Entaschung	0,357%
		Beleuchtung	0,051%
		Summe etwa	1,426%

2. Anteiliger Eigenkraftbedarf im Maschinenhausbetrieb:

Kondensationspumpwerk	2,72 %
Verschiedene Hilfspumpen	0,072%
Ölpumpen	0,053%
Beleuchtung	0,035%
Werkstatt	0,022%
Summe etwa	2,902%

Gesamt-Eigenkraftbedarf entsprechend 80 000 kW install. Leistung 4,33%.

In Zahlentafel 3 sind Mittelwerte für ein Steinkohlenkraftwerk mit einer eingebauten Leistung von 40 000 kW, mittleren Drücken, natür-

[1]) Siehe Schreiber: Das Kraftwerk Fortuna II. Siemens Handbücher Bd. 5. Berlin u. Leipzig: W. de Gruyter & Co.

[2]) Für die Überlassung der Angaben ist Verfasser Herrn Direktor A. Schreiber zu besonderem Dank verpflichtet.

lichem und künstlichem Zug und Staubfeuerung eingetragen. Die Hilfsmaschinen werden teils elektrisch, teils durch kleine Dampfturbinen angetrieben[1]):

Zahlentafel 3.

Steinkohlenkraftwerk, 2×20 000 kW, Staubfeuerung, kaltes Kühlwasser. Dampfdruck am Kessel 18,5 at (Üb.), Temperatur 300° C.

1. Anteiliger Eigenkraftbedarf im Kesselhausbetrieb:

a) Außerhalb des Kesselhauses. Kohlenbeschaffung und Aufbereitung.

Waggonkipper	0,0006%
Magnetscheider	0,006 %
Brecher	0,02 %
Kohlentransport	0,003 %
Mahlanlage	1,080 %
Aufzug	0,025 %
Summe	1,135 %

b) Im Kesselhaus.

	α) elektrisch	β) dampfbetr.
Speisepumpen	0,62%	1,24% (einschl. Reserve)
Kompressor	0,25%	—
Saugzug	0,50%	0,02%
Gebläse	0,25%	—
Rußbläser	—	0,94%
Förderband	0,08%	—
Entaschung	—	0,40%
Summe	1,70% +	2,60% = 4,3%.

2. Anteiliger Eigenkraftbetrieb im Maschinenhaus:

	α) elektrisch	β) dampfbetr.
Kühlwasserpumpen	0,88%	—
Kondensationspumpen	0,29%	—
Luftpumpen	0,17%	0,36%
Verschiedene Pumpen	0,03%	0,01%
Beleuchtung	0,10%	—
Summe	1,47% +	0,37% = 1,84%.

Der Gesamteigenkraftbetrieb beträgt somit einschl. der Kesselspeisepumpenreserve

α) für die elektrisch angetriebenen Hilfsmaschinen	4,305%
β) für die dampfbetriebenen Hilfsmaschinen	2,970%
Daher im ganzen	7,275%

Für die Beurteilung der Wärmewirtschaft einer Zentrale ist der tatsächliche Eigenbedarf maßgebend. Je nach der Belastung beträgt dieser einen gewissen Prozentsatz von den oben angeführten „installierten“ Hilfsmaschinenleistungen. Bei obigem Beispiel wird man als Mittelwert 0,75 × 7,275 = etwa 5,5% annehmen können.

Bei Verwendung der Turbine als Hilfskraftantrieb sind die zwei folgenden Hauptfälle zu unterscheiden:

1. Aufstellung einer einzigen „Betriebs“- oder „Haus“Turbine für zentrale Stromversorgung,

2. Aufstellung einer oder mehrerer kleiner Hilfsturbinen für Einzelantrieb.

---

[1]) Nach „Power“ 26. 5. 1925 (Lakeside Powerstation).

Bei der normalen Landanlage mit Hilfsturbinenantrieb ist die Anordnung vielfach so getroffen, daß die Antriebsturbine der Pumpengruppe für die Kondensation im Keller des Maschinenhauses ihre Aufstellung findet, während die Kesselspeisepumpen, Umwälzpumpen usw. im Kesselhaus untergebracht sind. Für den Kondensationsbetrieb ist meistens nur eine Turbine nötig, die die hintereinandergeschalteten Pumpen (Kühlwasser-, Kondensat- und evtl. Luftpumpe) auf gemeinsamer Grundplatte antreibt. Im Schiffsbetrieb und bei manchen Ausnahmsfällen ist jedoch die Aufstellung mehrerer Turbinen auch für die Kondensationspumpen angezeigt. Infolge beschränkter Raumverhältnisse wird dann das gemeinsame Aggregat der normalen Anlage in seine Einzelaggregate aufgelöst, von denen jedes seine eigene Antriebsturbine erhält.

2. Die Arbeitsweise der Hilfsturbinen.

Die für den Einzelantrieb der vorerwähnten Hilfsmaschinen verwandten Turbinen sind in der überwiegenden Zahl der Fälle sog. Kleinturbinen, die nach dem Gleichdruckverfahren arbeiten. Bei kleinen Anlagen stellt die mit einer Druckstufe ausgestattete Turbine, die vielfach mit einem Zahnradgetriebe verbunden ist, tatsächlich die billigste und betriebssicherste Dampfantriebsart vor. Bei größeren Werken nimmt man mit zunehmender Leistung auch öfters die zwei- oder mehrstufige Aktionsturbine, die zwei oder mehrere Laufräder eingebaut erhält. Schließlich wird bei großen Leistungen die mit allen Einrichtungen einer normalen Großturbine versehene Antriebsturbine wirtschaftlichster Bauart erscheinen, welche insbesondere dann in Frage kommt, wenn der Antrieb der Hilfsmaschinen von zentraler Stelle durch die schon genannte Hausturbine erfolgen soll.

Treibt die Hilfsturbine eine Pumpe direkt an, so ist die Drehzahl bereits durch die Ausführung der Pumpe bestimmt. Denn durch die Reihenherstellung und Beachtung der für elektrischen Antrieb richtigen Drehstromdrehzahlen sind von vornherein gewisse Grenzen gezogen, die für die Wahl des Turbinenmodells zunächst von ausschlaggebender Bedeutung sind.

Bekanntlich ist der Wirkungsgrad der in Frage stehenden Hilfsturbinen in erster Linie um so größer, je näher das Verhältnis $\frac{u}{c}$ (Umfangsgeschwindigkeit des Laufrades im Schaufelteilkreis zur Dampfgeschwindigkeit) dem Scheitelwert liegt. Bei gegebenem Druckverhältnis (also auch c) ist daher ein Höchstwert von u anzustreben, oder mit anderen Worten: Es ist für die sog. Parsonssche Kennziffer $q =$ Summe ($u^2 \cdot$ Stufenzahl z) geteilt durch das adiabatische Gefälle ein ganz bestimmter Wert zu wählen, um einen bestimmten Wirkungsgrad zu erhalten. Liegt nun die Drehzahl bereits fest, so ergeben sich zur Erreichung dieses Zieles große Laufraddurchmesser und daher große und teuere Turbinen. Denn die Drehzahlen der Kreiselpumpen, Ventilatoren usw. sind verhältnismäßig niedrig anzunehmen. Diese Forderung würde in vielen Fällen daher zur Aufstellung großer Turbinen führen, deren Abmessungen in keinem Verhältnis zu der abgegebenen Leistung stünden. Man war daher gezwungen, auf die günstigste Arbeitsweise der Turbine zu verzichten, und hat vielfach Antriebe aufgestellt, die zwar billig im Anschaffungswert waren, aber die Betriebskosten wesentlich erhöhen halfen.

In neuerer Zeit hat man diese Schwierigkeit durch Einführung der Getriebeturbine überwunden. Durch diese war es möglich, hohe Werte von u bei kleinsten Abmessungen der Turbine zu erhalten, indem die der Turbine eigentümliche hohe Drehzahl durch ein Getriebe auf die Drehzahl umgeformt wird, die der Pumpe usw. am günstigsten liegt. Dadurch, daß nun beide Teile am Scheitelpunkt oder doch nahe desselben arbeiten, ist die höchstmögliche Wirtschaftlichkeit gesichert. Die Getriebsverluste sind bei den neuesten Ausführungen derart klein, daß sie kaum ins Gewicht fallen. Wir erhalten so Antriebe, die bei Wahrung der früheren Vorteile die Nachteile der alten Bauweise beseitigen und auch allen Anforderungen eines modernen Kraftwerksbetriebes gerecht werden.

Bei Einzelantrieben muß die Hilfsturbine aus Billigkeitsgründen nur mit ganz wenig Stufen versehen sein. Es folgt ferner, da die Umfangsgeschwindigkeit des Rades über eine gewisse Grenze nicht mehr steigerungsfähig ist, daß der Wert c und damit auch das Gefälle, in welchem die Turbine arbeitet, beschränkt ist. Auf Kondensation arbeitende Hilfsturbinen sind daher aus wärmewirtschaftlichen Gründen zu vermeiden, wenn auch sich betrieblich mancherlei Vorteile ergeben würden. Wenn letztere aber überwiegen, muß die Hilfsturbine zwecks wirtschaftlicher Verarbeitung des Gefälles die Stufenzahl erhalten, die für die Einhaltung eines bestimmten Wertes $\frac{\Sigma u^2 z}{h_0}$ nötig ist.

Andererseits ist aber der Abdampf der Hilfsturbinen zur Speisewasservorwärmung und -aufbereitung viel zweckmäßiger zu verwenden. Die Turbine läuft dann mit einem bestimmten Gegendruck, verarbeitet also ein kleines Gefälle, kann im Aufbau einfach gehalten werden und stellt sich auch in den Anlagekosten wesentlich günstiger als eine Kondensationsturbine. Meist genügt bei den normalen Kesseldrucken bereits eine Druckstufe schon, um Wirkungsgrade von 50 bis 60% zu erzielen.

Die gleiche Wirkung, d. h. eine Gefällsverkleinerung und damit eine Vereinfachung im Aufbau, läßt sich aber auch erzielen, wenn der

Abdampf der Hilfsturbine mit Gegendruck in eine Stufe der Hauptturbine wieder zugeleitet wird. Man hat ferner die Einwirkung der Druckschwankungen, welche an der Einführungsstelle bei Lastwechsel in der Hauptturbine auftreten, zum Teil dadurch vermieden, daß die Einströmung mit erhöhtem Druck durch einen Leitapparat erfolgte. Um bei geringen Belastungen oder Leerlauf der Hauptturbine diese nicht durch den zugeführten Abdampf der Hilfsturbine zum „Durchgehen" zu bringen, sind besondere Regel- und Umschaltvorrichtungen nötig. Bei nicht sachgemäßer Wartung der Stopfbüchsen der Hilfsturbine kann dann u. U. eine Verschlechterung der Luftleere eintreten, weshalb diese Schaltung bei Kondensationsturbinen seltener angetroffen wird.

Im folgenden soll nun ganz allgemein zunächst die Wirkungsweise einer solchen „Kleinturbine", wie sie auch häufig genannt wird, untersucht werden, wobei es gleichgültig ist, ob eine einfache einstufige Einzelantriebsturbine oder die zuletzt erwähnte vielstufige Hausturbine für Zentralantrieb gedacht ist.

3. Die Regelung der Hilfsturbinen.

Die Hilfsturbine kleinerer Leistung arbeitet, wie erwähnt, nach dem Gleichdruckverfahren. Der Dampf durchströmt ein Drosselventil, welches vom Drehzahlregler der Kleinturbine betätigt wird, und beaufschlagt durch Düsen die Laufschauflung. Wir bezeichnen bekanntlich dieses Regelungsprinzip als Drosselregelung. Nur bei größeren Ausführungen, wenn es sich um Leistungen der Hilfsturbine um mehrere 1000 PS handelt, findet man auch eine Füllungsregelung vor, wie sie in ähnlicher Art bei Großturbinen hinlänglich bekannt ist.

Wir betrachten im folgenden eine normale Kondensationsanlage, bei der z. B. die Kondensationspumpengruppe von einer Hilfsturbine angetrieben wird, die von irgendeiner Stelle ihren Betriebsdampf mit der Spannung p_0 und der Temperatur t_0 erhält. Der Abdampf dieser Turbine kann nun entweder mit offener Leitung an eine Verbrauchsstelle geleitet werden, oder aber die Leitung ist zur Erzielung eines Staudruckes mit einer kleineren Öffnung (Düse) abgeschlossen. Demgemäß hat die Behandlung der Regelungsfrage in zwei Abschnitten zu erfolgen.

A. Die Regelung der Hilfsturbine bei offener Abdampfleitung.

Der Abdampf der Hilfsturbine wird mit offener Leitung zu einem Vorwärmer z. B. geführt, in welchem beim Druck p_a der Wärmeinhalt des Abdampfes nutzbar gemacht wird. Der Druck am Abdampfrohr der Turbine betrage p_a, und die zur Erzeugung der Hilfsturbinenleistung nötige Dampfmenge sei mit d bezeichnet (kg/st)[1]).

a) Die Hilfsturbine mit Drosselregelung.

In der überwiegenden Mehrzahl der Fälle werden die Hilfsturbinen mit einfacher Drosselregelung versehen. Der Dampf wird je nach dem Belastungsgrad durch das Drosselventil auf den Zustand p_d, t_d vor den Düsen der Hilfsturbine abgedrosselt.

Wir nehmen ferner an, daß die Abmessungen der Hilfsturbine bereits festliegen, und ebenso sei die über $\frac{u}{c}$ aufzutragende Wirkungsgradkurve, die Radreibungs- und Ventilationsverluste bekannt.

Wir wollen im folgenden nur das Verhalten der Hilfsturbine untersuchen, wenn aus irgendwelchen Gründen der Gegendruck in der Abdampfleitung sich ändert oder wenn die Belastung bei konstantem Gegendruck schwankt. Auch können beide Momente gemeinsam in Erscheinung treten.

Die Wirkung der Drosselung äußert sich nun in der bekannten Gleichung:

$$p_0 v_0 = p_d v_d = \text{konst.}, \tag{1}$$

d. h. das Produkt aus Druck mal Volumen ändert sich nicht. Im JS-Diagramm liegen bekanntlich diese Zustände auf der Geraden i_0, die durch den Anfangspunkt $(p_0\, t_0)$ zu ziehen ist.

Durch das Druckgefälle $p_d - p_a$ ist das adiabatische Gefälle h_0 der Hilfsturbine gegeben. Mit dem „Umfangswirkungsgrad“ η_u drückt sich die am Umfang des Laufrades erzielbare Leistung n_u wie folgt aus:

$$632\, n_u = d \cdot \eta_u h_0 = d h_u \tag{2}$$

Berücksichtigt man die Radreibung und Ventilationsverluste, welche abgekürzt für eine bestimmte Ausführung das Gesetz befolgen

$$n_r = r \cdot p_a \tag{3}$$

mit r als Konstante, so ergibt sich die „innere“ Leistung der Hilfsturbine zu

$$632\, n_i = 632\,(n_u - n_r) = d \cdot h_u - 632\, r \cdot p_a\,. \tag{4}$$

Die „innere“ Leistung stellt die Leistung der mechanisch vollkommensten Turbine vor. Die etwas kleinere „effektive“ Leistung der tatsächlichen Ausführung erhält man durch Abzug der mechanischen Verluste von der „inneren“ Leistung. Da sich bei unserer Annahme die mechanischen (äußeren) Verluste aber nur wenig ändern, sollen sich im folgenden die Betrachtungen auf die „innere“ Leistung beschränken.

---

[1]) Alle Drücke sind in abs. Atmosphären einzusetzen (Bezeichnung: At).

Die durch eine Düsenöffnung F hindurchströmende Dampfmenge d ist bestimmt durch

$$d = 3600\,\psi F \frac{p_d}{\sqrt{p_d v_d}} = \frac{3600\,\psi F}{\sqrt{p_0 v_0}} \cdot p_d = C\,p_d\,, \tag{5}$$

somit eine geradlinige Funktion vom Düsendruck p_d. Hierbei ist zunächst vorausgesetzt, daß der Gegendruck p_a keinesfalls größer als der sog. kritische Druck $p_k = \beta\,p_d$ wird. Tritt letzteres ein, so vermindert sich bei den in Frage kommenden Leitapparaten das Durchflußgewicht, so daß im Fall $p_a > p_k$ die Gleichung (5) umzuwandeln ist in:

$$\left.\begin{aligned} d &= \xi\,d_{\max} \\ d &= \xi\,C\,p_d\,. \end{aligned}\right\} \tag{5a}$$

Für den Koeffizienten ψ ist zu setzen:

bei Naßdampf 199
„ Heißdampf 209

für d in kg/st, p_d in At (abs.), v in m^3/kg, F in m^2.

Betrachten wir zunächst den ersten, durch Gleichung (5) definierten Fall. Dann ist d in (4) eingesetzt

$$632\,n_i = C\,p_d\,h_u - 632\,r\,p_a$$

und entsprechend umgeformt, mit der Bezeichnung $\delta = \frac{p_a}{p_d}$

$$\frac{n_i}{p_a} = \frac{C C_1 h_u}{632\,\delta} - r \tag{6}$$

oder auch

$$\frac{n_i}{C\,p_a} = y_u - \frac{r}{C} \tag{6a}$$

mit

$$y_u = \frac{h_u}{632\,\delta}\,. \tag{7}$$

Die Gleichungen (6) und (6a) bilden die sog. Reglergleichungen. Sie besagen, daß die auf 1 At Gegendruck bezogene innere Leistung aus einem veränderlichen Glied und einer Konstanten besteht.

Das variable Glied y_u kann entstanden gedacht werden aus dem Produkt $\left(\frac{h_0}{632\,\delta}\right) \cdot \eta_u$. Das adiabatische Gefälle h_0 ist dem Druckabfall $p_d - p_a$ zugeordnet und kann als Funktion des Druckverhältnisses δ dargestellt werden:

$$h_0 = \frac{130\,000}{3} A\,p_0 v_0 \left(1 - \delta^{\frac{\varkappa - 1}{\varkappa}}\right), \tag{8}$$

wobei zu setzen ist für das Heißdampfgebiet: $X = 1{,}3$ und für das Naßdampfgebiet: $X = 1{,}035 + 0{,}1\,x$, mit x als Dampfnässe.

Es ist vielfach versucht worden für gewisse Aufgaben und bestimmte Dampfgebiete die Formel (8) zu vereinfachen.

So z. B. kann man nach Forner[1]) für Dampf in den Grenzen $p_{1t} = 8$ bis 20 At, $t_1 = 250$ bis 350° C, $\delta = 0{,}05$ bis 0,5 mit genügender Genauigkeit setzen:

$$h_0 = 0{,}5\,T_1 (1 - \delta^{0{,}21}) \quad (9)$$

$$T_1 = t_1 + 273°.$$

Setzt man $x = 1$, betrachtet man also gesättigten Dampf und begeht man ferner die Vernachlässigung, x im Naßdampfgebiet sich ändern zu lassen, so gilt für das ganze Naßdampfgebiet

$$X_S = 1{,}135\,.$$

Auf den Anfangszustand p_0, v_0 bezogen, ergeben sich daher für die beiden Hauptgebiete zwei Kurven, die für Überschlagsrechnungen Näherungswerte liefern. In Abb. 1 sind die Werte

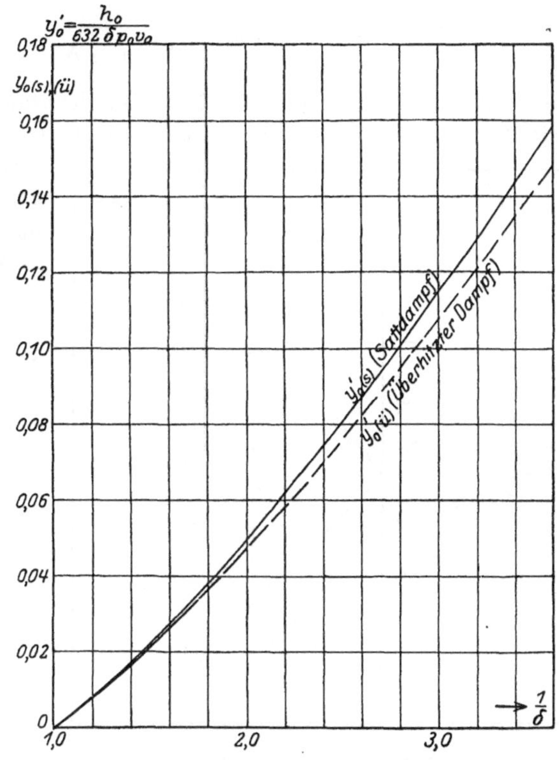

Abb. 1. Werte der Gleichung 10.

$$y_0' = \frac{h_0}{632\,\delta p_0 v_0} = \frac{130\,000 \cdot A}{3 \cdot 632} \cdot \frac{\left(1 - \delta^{\frac{X-1}{X}}\right)}{\delta} \tag{10}$$

für Heiß- und Naßdampf über $\frac{1}{\delta}$ aufgetragen. Bei bekanntem Anfangszustand gestatten die Kurven eine schnelle angenäherte Bestimmung der adiabatischen Höhe h_0, ohne Zuhilfenahme der J-S-Tafel.

Multipliziert man den Ausdruck in (10) mit $(p_0\,v_0)$, so erhält man über $\frac{1}{\delta}$ aufgetragen, eine Kurve, deren Ordinaten $y_0 = \frac{h_0}{632\,\delta}$ für einen

[1]) Z. V. d. I. 1922, H. 40.

bestimmten Anfangspunkt gelten. In Abb. 2 ist dies durchgeführt worden. Da nun jedem y_0 für eine vorliegende Turbine bei bestimmter Drehzahl ein ganz bestimmter Wirkungsgrad, am Umfang des Laufrades gemessen, zugeteilt ist, so erhält man leicht durch entsprechende Anwendung der Gleichung

$$\eta_u \cdot y_o = y_u = \frac{h_u}{632\,\delta} \tag{11}$$

eine Kurve, die im oberen rechten Quadranten (II) der Abb. 2 dargestellt ist. Die Fahrstrahle $\overline{Oa}$ bestimmen, wie ersichtlich, ohne weiteres den Umfangswirkungsgrad. Da aber auch y_u nach Gleichung (2) die Umfangsleistung, bezogen auf 1 At Gegendruck, und Düsenkonstante gleich 1, beschreibt, indem

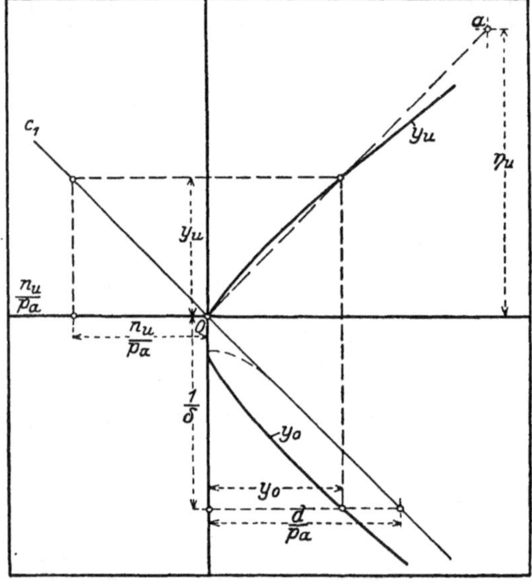

Abb. 2. $\frac{1}{\delta}$-Diagramm einer Hilfsturbine.

$$y_u = \frac{h_u}{632\,\delta} = \frac{n_u}{C p_a} \tag{2a}$$

wird, so kann der zu einer bestimmten Düsenöffnung F gehörige Wert $\frac{n_u}{p_a}$ nach Abb. 2, 3. Quadrant (links oben) sofort bestimmt werden.

Der Umfangswirkungsgrad η_u ist bei gegebener Umlaufgeschwindigkeit u des Turbinenrades von zwei Faktoren abhängig. Einmal von dem Verhältnis der Drücke (δ) und ferner von der Überhitzung. Unseren Abbildungen ist eine η_u-Kurve für mittlere Verhältnisse zugrunde gelegt. Liegt ein spezieller Fall vor, so ist es ein leichtes, die richtige η_u-Kurve einzutragen.

Im folgenden soll an Hand einiger Beispiele die Anwendung des $\frac{1}{\delta}$-Diagramms gezeigt werden.

Vorausgesetzt sei, daß der Wirkungsgradverlauf der Hilfsturbine als bekannt anzunehmen ist. Für sie gilt die in Abb. 3 dargestellte y_u-Kurve. Die Turbine wird stets mit Dampf vom Drucke p_0 und dem Volumen v_0 betrieben, während der Gegendruck p_a betrage. Vor der Düse stellt sich für eine bestimmte Leistung n_i ein gewisser

Düsendruck p_d ein, der mit der Düsenfläche F die Dampfmenge d bestimmt. Die Radkonstante r der Gleichung (3) sei 1,84.

Beispiel I. Die Leistung der Hilfsturbine betrage $n_i = 45$ PS$_i$; der Anfangszustand sei gegeben durch: $p_0 = 14{,}5$ At, $t_0 = 350°$, der Gegendruck $p_a = 3$ At. Es möge nun angenommen werden, daß der Druck vor den Düsen gleich p_0 sei. Gefragt sei nach der notwendigen Düsenfläche F.

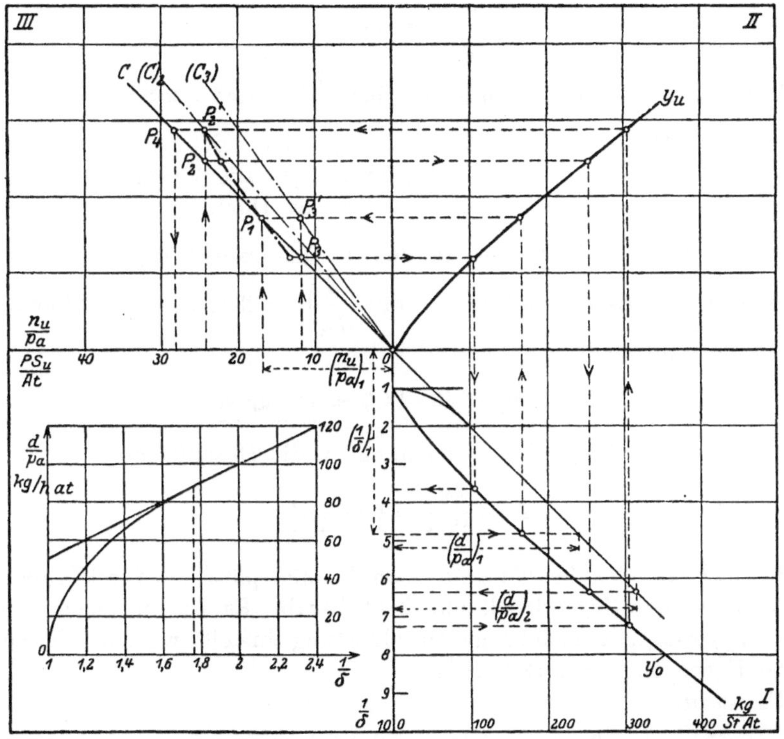

Abb. 3 u. 3a. $\frac{1}{\delta}$-Diagramm einer Hilfsturbine mit offener Abdampfleitung (Beispiel I—IV auf S. 15ff.)

Man bestimme zunächst

$$\left(\frac{1}{\delta}\right)_1 = \frac{p_d}{p_a} = \frac{p_o}{p_a} = \frac{14 \cdot 5}{3} = 4{,}83\,.$$

Ferner läßt sich die „innere" Leistung n_i berechnen aus

$$\frac{n_i}{p_a} = \frac{n_u}{p_a} - r$$

oder

$$\frac{n_u}{p_a} = \frac{n_i}{p_a} + r;$$

es ist aber

$$\frac{n_i}{p_a} = \frac{45}{3} = 15,$$

daher

$$\left(\frac{n_u}{p_a}\right)_1 = 16{,}84.$$

Von der senkrechten Achse in I bei $\left(\frac{1}{\delta}\right)_1 = 4{,}83$ ausgehend, ergibt sich der in Abb. 3 dargestellte Linienzug, der mit der Ordinate in 16,84 in III zum Schnitte gebracht wird (P_1). Die Verbindung dieses Schnittpunktes mit dem Ursprung liefert die Düsenziffer C, die Verlängerung dieses Fahrstrahles in den 1. Quadranten ergibt über $\frac{1}{\delta_1}$ den Wert $\left(\frac{d}{p_a}\right)_1$. Es ist nun hier $C = 49$; $\left(\frac{d}{p_a}\right)_1 = 237$, also $d = 711$ kg/st. Als Probe muß auch

$$d = C\, p_d = 49 \cdot 14{,}5 = \underline{711 \text{ kg/st}}$$

sein. Aus C ergibt sich nach Gleichung (5) die Düsenfläche

$$F = \frac{49}{43{,}8} = \underline{1{,}12 \text{ cm}^2}.$$

Beispiel II. Bei der Turbine nach I sinke plötzlich durch äußere Maßnahmen der Gegendruck auf 2 At herab. Es ist nun nach den Druck p_d gefragt, der sich bei gleicher Leistung einstellt, wenn die Düsenfläche F wie oben $= 1{,}12$ cm² ist.

Es ist nun

$$\frac{n_i}{p_a} = \frac{45}{2} = 22{,}5, \qquad \left(\frac{n_u}{p_d}\right)_2 = 24{,}34;$$

diese Ordinate schneidet den Fahrstrahl C im Punkt P_2, und der Linienzug, nun in entgegengesetzter Richtung durchgeführt, liefert einen Wert $\left(\frac{1}{\delta}\right)_2 = 6{,}38$. Der verlängerte Fahrstrahl C ergibt $\left(\frac{d}{p_a}\right)_2 = 312$, $d = 624$ kg/st, und $p_d = 6{,}38 \cdot 2 = 12{,}76$ At. Die Probe gilt auch hier und lautet:

$$d = C\, p_d = 49 \cdot 12{,}76 = \underline{624 \text{ kg/st}}.$$

Beispiel III. Es lägen die gleichen Verhältnisse wie im Beispiel I vor. Der Gegendruck p_a ändere sich nicht und sei gleich 3 At. Es trete nun eine Leistungsänderung ein, indem sich n_i von 45 PS_i auf $n_i' = 30\ PS_i$ ändert. Dann wird

$$\frac{n_i'}{p_a} = \frac{30}{3} = 10\,, \qquad \left(\frac{n_u}{p_a}\right)_3 = 11{,}84\,,$$

und ein dem Beispiel II ähnlicher Linienzug liefert $\left(\frac{1}{\delta}\right)_3 = 3{,}68$ (Punkt P_3). Es ergibt sich ähnlich wie oben

$$\left(\frac{d}{p_a}\right)_3 = 180\,, \qquad \underline{d = 540\,,} \qquad \underline{p_d = 11{,}04 \text{ At.}}$$

Beispiel IV. Es bleibe p_d fest auf 14,5 At liegen. Wie groß wird die erzielbare Leistung, gleiche Düsen vorausgesetzt, wenn der Gegendruck auf 2 At sinkt?

In diesem Falle ist auch d konstant = 711 kg/st (s. Beispiel I); andererseits wird $\left(\frac{1}{\delta}\right)_4 = \frac{14 \cdot 5}{2} = 7{,}25$, welcher Wert wie in I benützt wird, um im Quadranten III den Betrag $\left(\frac{n_u}{p_a}\right)_4 = 28{,}2$ zu finden (Punkt P_4). Es ist dann

$$\frac{n_i}{p_a} = 26{,}36 \qquad \text{und} \qquad \underline{n_i = 52 \cdot 72\ PS_i}$$

als höchstmögliche Leistung.

b) Die Hilfsturbine mit idealer Füllungsregelung.

Ersetzt man die Drosselregelung durch eine ideale Füllungsregelung, so erhält man in den obigen Beispielen die folgenden Lösungen:

Beispiel I. Unter den gleichen Annahmen wie bei Gruppe I ergibt sich auch hier ein $p_d = 14{,}5$ At, der nun dauernd gleich gehalten werden soll.

Beispiel II. Der Gegendruck sinke auf 2 At. Dann wird

$$\frac{p_d}{p_a} = \left(\frac{1}{\delta}\right)_2 = \frac{14 \cdot 5}{2} = 7 \cdot 25\,,$$

und da $\frac{n_u}{p_a} = 24{,}34$ bleibt, so ergibt sich ein neuer C-Fahrstrahl, der die neue Düsenfläche F_2 bestimmt (Punkt P_2'). Es wird aus Abb. 3: $(C)_2 = 42{,}0$, $\left(\frac{d}{p_a}\right)_2 = 305$, $\underline{d = 610}$. Wie zu erwarten, ergibt sich hier ein etwas geringeres Gewicht (610 statt 624 kg/st); diese Ersparnis hat ihren Grund darin, daß das vergrößerte Gefälle h_0 bei Füllungsregelung den Einfluß des besseren Wirkungsgrades bei Drosselregelung überwiegt.

Beispiel III. Es finde eine Belastungssenkung von 45 PS_i auf 30 PS_i statt. Bei festem Gegendruck $p_a = 3$ At ist dann wieder

$$\left(\frac{1}{\delta}\right)_3 = \frac{14 \cdot 5}{3} = 4{,}83\,, \qquad \frac{n_i}{p_a} = 10\,, \quad \text{auch} \quad \left(\frac{n_u}{p_a}\right)_3 = 11{,}84\,,$$

also ergibt der Schnitt der Ordinate mit dem Linienzug ein neues $C_3 = 34{,}5$ (Punkt P_3'). Ferner ist zu entnehmen: $\frac{d}{p_a} = 167$, $\underline{\underline{d = 500}}$, mit der Probe $d = C\,p_d$. Aus dem Diagramm kann entnommen werden, daß, trotzdem der Wirkungsgrad von 55,4% auf 51,2% herabfiel, die mit gleichbleibender Gefällshöhe arbeitende Turbine mit Füllungsregelung wirtschaftlicher ist.

Die vorangeführten Beispiele haben gezeigt, daß mit Hilfe einiger weniger Linienzüge, die sämtlich Gerade darstellen, in einfachster Weise das Diagramm zur Lösung der verschiedensten Aufgaben benützt werden kann. Insbesondere gestattet es, das Verhalten der Hilfsturbine bei veränderlichem Gegendruck, der in der Praxis weitaus häufigste Fall, rasch und einfach festzulegen. In der folgenden Tabelle sind für mehrere Gegendrucke die Dampfmengen für die obenerwähnte Hilfsturbine ermittelt worden, und zwar für die Turbine mit Drosselregelung und für die Turbine mit Füllungsregelung. Die Leistung beträgt in allen Fällen $n_i = 45$ PS_i.

I. Drosselregelung.

p_a	1,5	2	2,5	3	4 At (abs.)
d	590	624	664	711	—

II. Füllungsregelung.

p_a	1,5	2	2,5	3	4 At (abs.)
d	571	610	660	711	836

Die oben verwandte Gleichung (5) gilt bekanntlich nur für überkritische Gefälle, d. h. für $p_a \leqq \beta\, p_d$. Hierbei ist für

überhitzten Dampf . . . . $\beta = 0{,}577$,
Naßdampf . . . . $\beta = 0{,}546$.

Nach Bendemann kann für mittlere Verhältnisse $\beta = 0{,}565$ gesetzt werden.

Tritt nun der Fall ein, daß der Gegendruck p_a über dieses Maß ansteigt, so stellt sich im Leitapparat der Hilfsturbine ein Stau ein. Die Strömungsformel (5) nimmt dann die schon erwähnte Gestalt an:

$$d = \xi\,(C\,p_d)\,, \tag{5a}$$

worin angenähert

$$\xi = q\sqrt{\frac{2}{q} - 1}\ ^{1)},$$

[1] Siehe auch Wagner: Der Wirkungsgrad von Dampfturbinenbeschaufungen, S. 113. Berlin: J. Springer 1913.

mit

$$q = \frac{1-\delta}{1-\beta}, \qquad \delta = \frac{p_a}{p_d}.$$

Der geradlinige Verlauf der d-Kurve geht im unterkritischen Gebiet in eine Kurve über, die bei $\frac{1}{\delta} = 1$ in 0 endet (Abb. 3a).

B. Die Regelung der Hilfsturbine bei durch einen Leitapparat geschlossener Abdampfleitung.

a) Die Hilfsturbine mit Drosselregelung.

Die im vorigen Abschnitt offene, genügend groß zu bemessende Auspuffleitung sei nun durch einen Leitapparat von bestimmter Größe geschlossen, so daß sich bei einer gegebenen Dampfmenge d ein ganz bestimmter Druck (p_a) in der Leitung einstellen wird müssen, welcher das Gewicht d kg/st durch diese Öffnung gegen den eigentlichen Gegendruck p_2 drückt.

Es ist aus früherem, insbesondere aus Gleichung (5a) ohne weiteres klar, daß der Abdampfdruck p_a $(=p_1)$ der Hilfsturbine vor der Düse am Ende der Auspuffleitung einen bestimmten Kleinstwert nicht unterschreiten wird, wieweit auch der Gegendruck p_2 sinken mag. Denn wenn $p_2 \leqq \beta\ p_1$ wird, sind ähnliche Verhältnisse wie für die Frischdampfdüse geschaffen. Es tritt an Stelle von p_d eben p_1 und an Stelle von p_a p_2.

Es bezeichne

n_i die innere Leistung der Hilfsturbine,
n_u „ Umfangsleitung der Hilfsturbine,
n_r „ Radreibung der Hilfsturbine,
r „ Radreibungskonstante nach Gl. (3),
p_0, v_0 den Dampfzustand vor dem Drosselventil der Hilfsturbine,
p_d, v_d „ „ „ der Düse der Hilfsturbine,
p_a, v_a „ „ nach erfolgter Expansion, im Gehäuse der Hilfsturbine. Gleichbedeutend mit dem Zustand vor dem Hilfsleitapparat (p_1, v_1),
p_2, v_2 den Dampfzustand nach erfolgter Expansion im Leitapparat am Ende der Auspuffleitung,
F_1, C_1 die Fläche und Konstante der Düse der Hilfsturbine } nach Gl. (5),
F_2, C_2 bzw. C_2' die Fläche und Konstante des Hilfsleitapparates } nach Gl. (5),
$\delta_1 = \frac{p_a}{p_d}$ das 1. Druckverhältnis in der Düse der Hilfsturbine,
$\delta_2 = \frac{p_2}{p_a}$ „ 2. „ „ dem Leitapparat am Ende der Auspuffleitung,
h_{o1}, h_{u1} das adiabatische bzw. Umfangsgefälle der Hilfsturbine,
h_{o2}, h_{u2} das adiabatische bzw. Umfangsgefälle des Hilfsleitapparates.

Die Gleichungen (5) und (5a) nehmen dann die Form an:

1. Für überkritische Verhältnisse $p_2 \leqq \beta\, p_1$

$$d = C_2' \frac{p_1}{\sqrt{p_1 v_1}} = d_{\max}. \tag{5b}$$

2. Für unterkritische Verhältnisse $p_2 \geqq \beta\, p_1$

$$d = \xi_2\, d_{\max}, \tag{5c}$$

$$\xi_2 = q_2 \sqrt{\frac{2}{q_2} - 1}, \qquad q_2 = \frac{1-\delta_2}{1-\beta}, \qquad \delta_2 = \frac{p_2}{p_1}$$

und mit den früheren Werten für β. Der Wert C_2' bestimmt sich nach Gl. (5) zu $C_2' = 3600\, \psi\, F_2$.

Der Zustand $p_1 v_1$ ist durch die Expansion in der Hilfsturbine bestimmt. Er ist je nach Belastung und Druck verschieden. Von einem Drosselverlust in der Leitung $p_1 - p_a$ soll einfachheitshalber abgesehen werden, so daß also $p_1 = p_a$ ist. Ebenso ist dann auch $v_1 = v_a$. Zu jedem Gegendruck p_a gehört bei einer bestimmten Belastung ein bestimmtes v_a.

Andererseits ist aber die Gefällshöhe h_u im J-S-Diagramm gegeben durch

$$h_u = \frac{130\,000}{3} A\,(p_d v_d - p_a v_a) = \frac{130\,000}{3} A\,(p_0 v_0 - p_a v_a), \tag{12}$$

da ferner nach Vorerwähntem

$$d = C_2' \frac{p_a}{\sqrt{p_a v_a}}, \tag{13}$$

so wird für überkritische Verhältnisse

$$h_u = \frac{130\,000}{3} A \left[p_0 v_0 - \left(\frac{C_2'}{d}\right)^2 p_a^2\right] = \frac{130\,000}{3} A \left[p_0 v_0 - \left(\frac{C_2'}{C_1}\right)^2 \delta_1^2\right] \tag{14}$$

mit

$$\delta_1 = \frac{p_a}{p_d} \quad \text{und} \quad p_2 < \beta\, p_a$$

und für unterkritische Verhältnisse im Leitapparat F_2

$$d = \xi_2\, C_2' \frac{p_a}{\sqrt{p_a v_a}}, \tag{13a}$$

$$h_u' = \frac{130\,000}{3} A \left[p_0 v_0 - \left(\frac{C_2'}{C_1}\right)^2 \xi_2^2\, \delta_1^2\right] \tag{14a}$$

mit

$$\delta_1 = \frac{p_a}{p_d} \quad \text{und} \quad p_2 > \beta\, p_a.$$

Wird auch das Druckverhältnis in dem ersten Leitapparat F_1 unterkritisch, d. h. wird also $p_a > \beta p_d$, so ist für das Dampfgewicht zu setzen

$$d = \xi_1 C_1 p_d,$$

und es wird

$$h''_u = \frac{130\,000}{3} A \left[p_0 v_0 - \left(\frac{C'_2}{C_1}\right)^2 \left(\frac{\xi_2}{\xi_1}\right)^2 \delta_1^2 \right]. \tag{14 b}$$

Darstellung im $\frac{1}{\delta}$-Diagramm.

1. $p_2 < \beta p_a$. Überkritische Strömung im Hilfsleitapparat.

Nach Gleichung (2a) war $y_{u_1} = \frac{h_{u_1}}{632\,\delta_1}$; für h_{u_1} den Wert aus Gleichung (14) eingesetzt, ergibt die Form

$$\overline{y_{u_1}} = \frac{\frac{130\,000}{3} A}{632} \cdot \left[\frac{p_0 v_0 - \left(\frac{C'_2}{C_1}\right)^2 \delta_1^2}{\delta_1}\right] = 0{,}161 \frac{\left[p_0 v_0 - \left(\frac{C'_2}{C_1}\right)^2 \delta_1^2\right]}{\delta_1} = f(\delta_1). \tag{15}$$

Für einen bestimmten festen Anfangszustand und bei fest angenommenem Verhältniswert $\frac{C'_2}{C_1}$ läßt sich über $\frac{1}{\delta_1}$ ebenfalls eine $\overline{y_{u_1}}$-Kurve auftragen, die mit der schon vorhandenen y_{u_1}-Kurve einen Schnittpunkt gemeinsam hat. Im $\frac{1}{\delta}$-Diagramm in Abb. 4 ist dies dargestellt.

Um wieder das bekannte $\frac{1}{\delta}$-Diagramm zu verwenden, ist die Gleichung (6a) in die folgende Form gebracht:

$$\left(\frac{n_i}{C_1 p_2}\right)\left(\frac{p_2}{p_a}\right) = \frac{n_i}{C_1 p_2} \cdot \delta_2 = x\,\delta_2 = y_{u_1} - \frac{r}{C_1}. \tag{6b}$$

Da n_i, C_1 und p_2 bekannt sind, kann x gerechnet werden. Der Schnittpunkt der gegebenen y_{u_1}-Kurve des Diagramms mit der neuen $(\overline{y_{u_1}})$-Kurve nach Gleichung (15) bestimmt dann

$$\delta_2 = \frac{y_{u_1} - \frac{r}{C_1}}{x}; \quad \text{und} \quad p_a = \frac{p_2}{\delta_2}. \tag{16}$$

Beispiel. Es sei eine Hilfsturbine zu betreiben, die ihren Abdampf in eine mittels eines Leitapparates ($F_2 = 840$ mm²) abgeschlossene Rohrleitung abgibt. Die Leistung betrage $n_i = 46$ PS_i, ohne Lagerreibung gerechnet. Der äußere Gegendruck ist mit $p_2 = 1{,}5$ At angenommen, der Anfangsdruck $p_0 = 8{,}5$ At, die Anfangstemperatur 250° C und die Düsenfläche $F_1 = 420\ \mathrm{mm}^2$. Wird ferner $r = 1{,}92$ festgesetzt, so nimmt Gleichung (6b) die Form an:

$$\frac{n_i}{C_1 p_2} \cdot \delta_2 = y_{u_1} - \frac{r}{C_1} \qquad \text{mit } C_1 = 202,$$

$$\frac{46}{202 \cdot 1{,}5} \cdot \delta_2 = y_{u_1} - \frac{1{,}92}{202} \qquad \text{oder ausgerechnet}$$

$$0{,}152 \cdot \delta_2 = y_{u_1} - 0{,}0095 .$$

C_2' kann aus der obigen Fläche F_2 bestimmt werden, indem

$$C_2' = 199 \cdot 3600 \cdot F_2 \text{ für Naßdampf}$$

oder

$$C_2' = 209 \cdot 3600 \cdot F_2 \text{ für Heißdampf}$$

gesetzt wird.

Es ergibt sich hier ein mittlerer Wert von $C_2' = 618$. Das Verhältnis $\frac{C_2'}{C_1}$ in Gleichung (15) eingetragen, läßt eine Bestimmung von $\overline{y_{u_1}}$ über $\frac{1}{\delta_1}$ zu, denn es ist:

$$\overline{y_{u_1}} = 0{,}161 \frac{\left[p_0 v_0 - \left(\frac{C_2'}{C_1}\right)^2 \delta_1^2\right]}{\delta_1} = \frac{0{,}385}{\delta_1} - 1{,}509\, \delta_1 .$$

Der Schnitt dieser $\overline{y_{u_1}}$-Kurve mit der aus den Wirkungsgraden errechneten und in dem $\frac{1}{\delta_1}$-Diagramm verzeichneten y_{u_1}-Kurve liefert ein $\left[\frac{1}{\delta_1}\right]_{\min} = 2{,}08$. Nach der früher entwickelten Konstruktion ergibt sich ähnlich wie im Beispiel I auf S. 15 ein $\frac{n_u}{p_a} = 15{,}2$, also ein $p_a = 3{,}46$ At[1]). Der Gegendruck hinter der Turbine im Abdampfbogen beträgt somit 3,46 At (abs.).

Es sind weiter folgende Gleichungen zu erfüllen:

1. Das Dampfgewicht muß durch die 1. Düse, dessen Konstante $C_1 = 202$ ist, strömen. Es muß also, da $p_d = 2{,}08 \cdot p_a = 7{,}2$ At,

$$d = C_1\, p_d = 202 \cdot 7{,}2 \cong 1455 \text{ kg/st}$$

sein.

---

[1]) Aus der Gl. (4)

$$\left(\frac{n_i}{p_a}\right) = \left(\frac{n_u}{p_a}\right) - r$$

erhält man für p_a

$$p_a = \frac{n_i}{\left(\frac{n_u}{p_a}\right) - r} .$$

2. Andererseits muß auch das Gewicht durch den Hilfsleitapparat, der mit der Fläche $F_2 = 840\ \text{mm}^2$ die Abdampfleitung abschließt, durchfließen können, d. h. es ist die Gleichung zu erfüllen

$$d = C_2' \frac{p_a}{\sqrt{p_a v_a}};$$

der Zustand $p_a v_a$ ist durch die Expansion in der 1. Düse gegeben. Er enthält die Verluste, welche in der Laufschaufel entstehen, ferner die

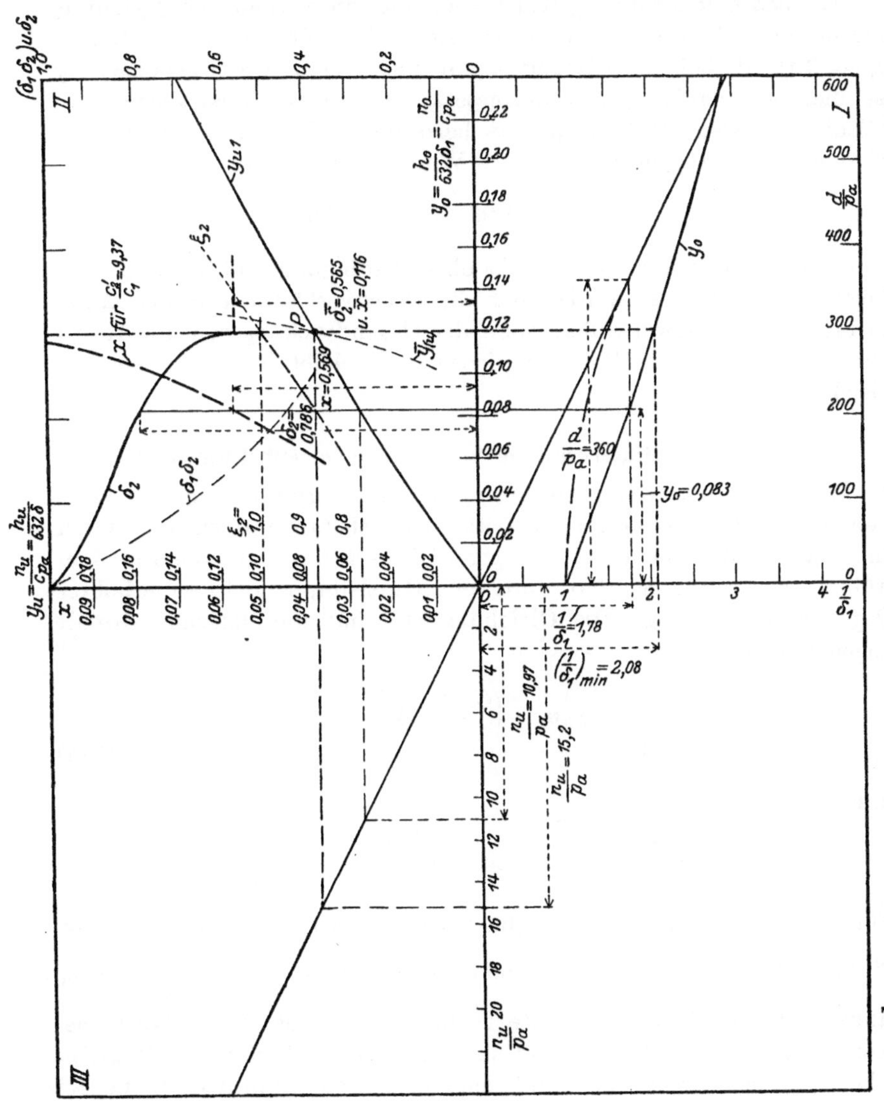

Abb. 4. $\frac{1}{\delta}$-Diagramm einer Hilfsturbine mit durch einen Leitapparat abgeschlossener Abdampfleitung.

Radreibungsverluste. Aus Abb. 4 u. Gl. (12) ergibt sich für vorliegendes Beispiel der folgende Wert:

$$p_a v_a = 2{,}16\,,$$

daher

$$d = d' = C_2' \frac{p_a}{\sqrt{p_a v_a}} = \sim 1455\ \text{kg/st.}$$

Die oben gezeichnete $\overline{y_{u_1}}$-Kurve schneidet die vorhandene y_{u_1}-Kurve nur in einem Punkt (P). D. h. es ergibt sich nur ein einziger Druck p_a (= 3,46 At) bei der Leistung von 46 PS_i. Der äußere Gegendruck p_2 ist hiervon unabhängig, vorausgesetzt, daß stets überkritische Verhältnisse in dem Hilfsleitapparat herrschen. Es darf p_2 nie größer werden als der zugehörige kritische Wert, es muß also

$$p_2 \leqq \beta\, p_a \leqq 1{,}96\ \text{At}\ (\beta = 0{,}565)$$

sein. Hier war durch $p_2 = 1{,}5$ At obige Bedingung erfüllt. Bleibt die Leistung bestehen, so werden sich die Druckverhältnisse in der Hilfsturbine nicht ändern, selbst wenn der Gegendruck p_2 von 1,5 At bis auf 1,96 At ansteigt. Das Dampfgewicht d bleibt hiervon unberührt gleich 1455 kg/st.

2. $p_2 > \beta\, p_a$. Unterkritische Verhältnisse im Hilfsleitapparat.

Würde der äußere Gegendruck p_2 über den vorhin bestimmten Wert von $p_2 = 1{,}96$ At ansteigen, so tritt im Hilfsleitapparat ein Druckstau ein. Zur Durchtreibung des Dampfgewichtes d, das sich gegenüber dem früheren Fall vergrößert hat, durch den Hilfsleitapparat ist ein erhöhter Gegendruck p_a nötig. Die Gleichung (15) hat nun folgende Gestalt angenommen:

$$\overline{\overline{y_{u_1}}} = 0{,}161\, \frac{\left[p_0 v_0 - \left(\frac{C_2'}{C_1}\right)^2 \xi_2^2\, \delta_1^2\right]}{\delta_1} = f(\delta_1\, \delta_2) \tag{15a}$$

mit

$$\xi_2 = q_2 \sqrt{\frac{2}{q_2} - 1}\,, \qquad q_2 = \frac{1 - \delta_2}{1 - \beta}\,, \qquad \delta_2 = \frac{p_2}{p_a}\,.$$

Für $\xi_2 = 1$ wird $\overline{\overline{y_{u_1}}} = \overline{y_{u_1}}$, welche Kurve in Abb. 4 eingetragen war. Sie hat den kritischen Druck p_a und auch das Grenzverhältnis $\frac{p_2}{p_a} = \delta_{2\,\min}$ angegeben. Da, eine bestimmte Turbine betrachtet, die y_{u_1}-Werte bekannt sind, ist es möglich, durch Einsetzen in obige Gleichung die Werte δ_2 über δ_1 zu berechnen. Es ergibt sich eine Kurve (δ_2) in Abb. 4, die bei

$\frac{1}{\delta_1} = 0$ in 1,0 anfängt und beim kritischen Punkt $\left[\text{zugehöriges} \left(\frac{1}{\delta_1}\right)_{\min}\right]$ im Wert β endigt. Die folgende Zahlentafel enthält die Berechnung.

Zahlentafel 4.

δ_1	$\frac{1}{\delta_1}$	$\frac{h_o}{632\,\delta_1}$	η_u v.H.	$y_u = \frac{\eta_u h_o}{632\,\delta_1}$	$b = 0{,}161 \frac{p_0 v_0}{\delta_1}$	$b - y_u = 0{,}161 \left(\frac{C_2'}{C_1}\right)^2 \xi_2^2 \delta_1$	ξ_2^2	ξ_2	δ_2	x	$\delta_1 \delta_2$
0,429	2,33	0,1552	60	0,0932	0,896	0,8028	1,235	1,11	—	—	—
0,471	2,125	0,1277	62	0,0792	0,817	0,7378	1,04	1,02	—	—	—
0,500	2,0	0,1108	63	0,0698	0,770	0,7002	0,928	0,963	0,682	0,0887	0,341
0,572	1,75	0,0804	66	0,053	0,674	0,621	0,721	0,850	0,795	0,0548	0,454
0,588	1,70	0,0734	66,4	0,0487	0,654	0,6053	0,682	0,826	0,8104	0,0483	0,476
0,625	1,60	0,0614	67	0,0411	0,615	0,5739	0,608	0,778	0,837	0,0378	0,523

In Abb. 4 ist ferner der ξ_2-Verlauf eingetragen, der theoretisch Werte > 1 annimmt. Für $\xi_2 = 1$ ist der kritische Punkt erreicht.

Da nach Gleichung (6b) zu einem bestimmten y_{u_1} ein bestimmtes δ_2 gehört, so ist auch nach Gleichung (6b) der Wert $\frac{n_i}{C_1 p_2}$ festgelegt. Hier ist z. B.

$$\frac{n_i}{C_1 p_2} = x\,, \quad x\,\delta_2 = y_{u_1} - 0{,}0095 \tag{6b}$$

und

$$x = \frac{y_{u_1} - 0{,}0095}{\delta_2}\,.$$

Die x-Werte der obigen Tabelle sind in die Abb. 4 eingetragen. Für die in Frage stehende Turbine, welche Dampf von 8,5 At 250° C erhält, können nun mittels dieser Diagrammtafel eine Reihe von Aufgaben rasch und mit genügender Genauigkeit gelöst werden.

Beispiel I. Es sei wieder die obige Turbine betrachtet. Die Leistung von 46 PS_i sei unverändert erhalten. Wir fragen nach demjenigen Außendruck p_2, bei welchem ein Rückstau im Turbinengehäuse eintritt.

Für diesen Fall muß $p_2 = \beta\, p_a$ sein, d. h. $\delta_2 = 0{,}565 = \beta$. Es ergibt sich der schon früher gefundene „kritische" Punkt, für den ferner $x = 0{,}1165$ wird. Es ist somit aus Gleichung (6b)

$$p_2 = \frac{n_i}{C_1 x}\,, \qquad \frac{p_2 = 1{,}96 \text{ At}}{p_a = 3{,}46 \text{ At}}\,.$$

Beispiel II. Es steige der Außendruck p_2 plötzlich auf 4 At an. Wie groß werden bei gleicher Leistung a) die Dampfmenge, b) die Drücke p_d und p_a?

Wir berechnen nun $x = \frac{n_i}{C_1 p_2} = \frac{46}{202 \cdot 4} = 0{,}0569$; durch Eintragung einer Ordinate im II. Quadranten werden alle verlangten Werte angezeigt. Wir finden so aus Abb. 4

$$\delta_2 = 0{,}786\,, \qquad \frac{1}{\delta_1} = 1{,}78\,, \qquad \frac{d}{p_a} = 360\,, \qquad \underline{d = 1830\ \text{kg/st.}}$$

$$\underline{p_a = 5{,}09\ \text{At}}\,, \qquad \underline{p_d = 9{,}06\ \text{At}}\,.$$

Um die Leistung $n_i = 46$ PS durchzuziehen, mußte demnach der Düsendruck bis auf 9,06 At erhöhbar sein. Das Druckgefälle in der 1. Düse wird gerade kritisch.

Beispiel III. Eine Erhöhung des Düsendruckes p_d ist nicht möglich. Es kann $p_d = p_0$ maximal den Wert $= 8{,}5$ At annehmen. Wie groß kann die maximal erzielbare Leistung werden, wenn der Außendruck p_2 auf 4 At bleibt?

Es ist dann die Dampfmenge gegeben bei freiem Ausfluß

$$d = C_1 p_d = 1710\ \text{kg/st.}$$

Der Wert x läßt sich auch schreiben zu

$$x = \frac{n_i}{C_1 p_2} = \frac{n_i}{d\, \delta_1 \delta_2}\,.$$

Hier ist

$$\delta_1 \delta_2 = \frac{p_2}{p_d} = \frac{4}{8{,}5} = 0{,}471\,;$$

trägt man daher aus der Tabelle (Zahlentafel I) die Kurve $(\delta_1 \delta_2)$ im II. Quadranten auf und errichtet in $(\delta_1 \delta_2) = 0{,}471$ eine Ordinate, so schneidet diese auf der x-Kurve einen Wert $x_1 = 0{,}05$ aus. Es ergibt sich dann

$$n_i = C_1 p_2 \cdot x_x = 202 \cdot 4 \cdot 0{,}05 = \underline{40{,}4\ \text{PS}_i}\,,$$

und die anderen Werte sind ebenfalls sofort aus dem Diagramm Abb. 4 zu entnehmen:

$$\frac{1}{\delta_1} = 1{,}705\,, \quad p_a = 4{,}98\ \text{At}\,, \quad p_2 = 4\ \text{At}\,,$$

$$\delta_2 = 0{,}803\,, \quad p_d = 8{,}5\ \text{At}\,.$$

Man ersieht, daß hier auch in der 1. Düse unterkritische Strömung eintritt. Es wird sich daher die Dampfmenge vermindern, was andererseits wieder eine geringe Senkung des Gegendruckes p_a zur Folge hat. Da diese beiden Einflüsse sich gegenüberstehen, ist zu erwarten, daß die nach Gl. (14b) berichtigten Kurven δ_2, ξ_2, x und $\delta_1 \delta_2$ nicht sehr viel von den in Abb. 4 eingezeichneten abweichen. Für Näherungsrechnungen und bei Werten von $\frac{1}{\delta_1}$ bis 1,6 ist daher der Einfluß der Gewichtsverminderung zu vernachlässigen.

b) Der Gebrauch des $\frac{1}{\delta}$-Diagramms bei veränderlichem Anfangszustand.

In den vorigen Beispielen war der Anfangszustand, gegeben durch p_0, v_0, unveränderlich gedacht, wie dies beim Entwurf einer Neuanlage ohne weiteres auch zutrifft.

Hat man aber eine Versuchsreihe vorliegen, so wird bei der Auswertung als besonders störend empfunden, daß der Anfangswert mehr oder weniger große Schwankungen erleidet, die ein ständiges Aufsuchen dieser Werte im J-S-Diagramm und Ablesen der sich stets ändernden adiabatischen Gefälle notwendig machen.

In dem oben entwickelten $\frac{1}{\delta}$-Diagramm hat man aber ein Mittel in der Hand, auch derartige Aufgaben rasch und sicher zu lösen. Zu diesem Zwecke ist nur eine kleine Ergänzung nötig, die im folgenden dargelegt werden soll:

Der eine Gefällshöhe im J-S-Diagramm bestimmende Wert $y_0 = \frac{h_0}{632\,\delta}$ besteht nach Gleichung (10) aus zwei Faktoren: $(p_0 v_0)$ und $\frac{0{,}161\,(1-\delta^m)}{\delta}$. Wir können den Anfangszustand ausschalten, wenn wir setzen

$$y'_0 = \frac{h_0}{632\,\delta\, p_0 v_0} = 0{,}161 \cdot \frac{(1-\delta^m)}{\delta} \quad \text{mit} \quad m = \frac{\varkappa - 1}{\varkappa};$$

es ergeben sich so zwei y'_0-Kurven, über $\frac{1}{\delta}$ aufgetragen, da für

$$\text{Heißdampf} \quad m = \frac{3}{13}$$

und für

$$\text{Naßdampf} \quad m = \frac{1{,}35}{11{,}35}$$

ist.

Diese Kurven waren in Abb. 1 dargestellt. Setzt man schließlich auch noch

$$y'_u = \frac{y_u}{p_0 v_0} = \frac{h_u}{632\,\delta\, p_0 v_0},$$

so sind alle Bezugsgrößen auf die Basis $p_0 v_0 = 1$ gebracht worden. Das so geänderte $\frac{1}{\delta}$ - Diagramm kann nun in ähnlicher Weise zur Lösung der verschiedensten Aufgaben herangezogen werden, wie dies schon im vorigen Abschnitt mit festem Ausgangspunkt geschehen war. Es zeigt sich nämlich, wie dies gleich ein Beispiel noch deutlich darlegen soll, daß die Schwankungen, die für $p_0 v_0$ in der Praxis vorkommen, auf die Werte ξ_2 und δ_2 nur geringen Einfluß ausüben.

Als Gegenstand der Untersuchung seien Versuche des Verfassers aus dem Jahre 1917 gewählt, die an der Hilfsturbinenanlage des Turbosatzes I der hauptstädtischen Kraftzentrale in Budapest-Kelenföld vorgenommen worden waren[1]). Die für unsere Rechnung wichtigsten Zahlen sind aus untenstehender Veröffentlichung in der folgenden Zahlentafel 5 zusammengetragen. Für die Hilfsturbine gelten die folgenden Konstanten:

Fläche der Düse der Hilfsturbine (Drosselregelung) $F_1 = 660$ mm².

Fläche des Leitapparates am Ende der Abdampfleitung $F_2 = 1732$ mm².

Konstante C_1' (überhitzter Dampf) $= 74 \cdot F_1 = 488$, $C_1' = C_1 \sqrt{p_0 v_0}$, C_1 nach Gleichung (5).

Konstante C_2' (überhitzter Dampf) $= 74 \cdot F_2 = 1282$.

Verhältniswert $\left(\frac{C_2'}{C_1'}\right) = 2{,}625$, $\left(\frac{C_2'}{C_1'}\right)^2 = 2{,}625^2 = 6{,}89$.

Zahlentafel 5.

Vers. Nr.	p_0	t_0	v_0	$p_0 v_0$	$\frac{1}{\delta_1} = \frac{p_d}{p_a}$	h_{u_1}	p_d	p_a	p_2	y_{u_1}	y_0'	y_{u_1}'
2	13,6	289	0,1885	2,56	2,64	19,4	10,3	3,90	2,64	0,081	0,085	0,0316
7	14,3	269,5	0,1817	2,59	2,725	19,27	10,35	3,80	2,55	0,083	0,090	0,032
15	14,05	305	0,1880	2,64	2,55	19,3	10,65	4,18	3,05	0,0779	0,079	0,0295
27 a	14,8	308	0,1790	2,648	2,785	19,7	10,3	3,70	1,85	0,0869	0,0936	0,0328
29	14	310	0,1905	2,665	2,254	18,6	11,15	4,95	3,95	0,0664	0,061	0,02495
30	13,9	313	0,1931	2,680	2,184	18,2	11,45	5,25	4,32	0,0630	0,0572	0,0235
32	13,1	315	0,2062	2,70	2,090	17,7	11,80	5,65	4,75	0,0585	0,0522	0,0217
33	13,6	318	0,1998	2,71	2,075	17,25	12,15	5,85	4,95	0,0566	0,0515	0,0209

Bei veränderlichem Anfangszustand $(p_0 v_0)$ ergibt sich für die Dampfmenge

$$d = C_1' \frac{p_d}{\sqrt{p_0 v_0}} = C_1 \cdot p_d;$$

[1]) Siehe auch Z. f. ges. Turbwes. 1920, H. 18 u. 19. München: Oldenburg.

und für y_{u_1}

$$y_{u_1} = 0{,}161\,(p_0\,v_0)\,\frac{\left[1 - \left(\frac{C_2'}{C_1'}\right)^2 \delta_1^2\,\xi_2^2\right]}{\delta_1} \tag{17a}$$

oder auch

$$\frac{y_{u_1}}{p_0\,v_0} = y_{u_1}' = 0{,}161\,\frac{\left[1 - \left(\frac{C_2'}{C_1'}\right)^2 \delta_1^2\,\xi_2^2\right]}{\delta_1}. \tag{17b}$$

Ferner ist ähnlich Gleichung (6b) für x zu setzen:

$$x = \frac{n_i}{C_1\,p_2} = \frac{n_i\sqrt{p_0\,v_0}}{C_1'\,p_2} \tag{6b}$$

und

$$x' = \frac{x}{p_0 v_0} = \frac{n_i}{C_1'\sqrt{p_0 v_0}\cdot p_2}. \tag{6c}$$

Wir begehen die Vernachlässigung, die Reibung des umlaufenden Schaufelrades gleich Null zu setzen. Es ist dann $n_i \sim n_u$, so daß in den x-Formeln auch der Wert n_u eingesetzt werden kann. Es ist somit angenähert auch

$$x' = \frac{n_u}{C_1'\sqrt{p_o v_o}\cdot p_2}. \tag{6d}$$

Um den Einfluß verschiedener Anfangszustände $(p_0\,v_0)$ festzustellen, rechnen wir für einige Werte $\frac{1}{\delta_1}$ an Hand der für Heißdampf gültigen y_o'-Kurve der Abb. 1 und mittels der aus den Versuchen sich ergebenden y_u-Werte die folgende Zahlentafel (6). Die Werte $(p_0\,v_0)$ seien zu 1,0, 2,0, 2,8 angenommen.

Zahlentafel 6.

$\frac{1}{\delta_1}$	1,0			2,0			2,5			3,0		
$p_0\,v_0$	1,0	2,0	2,8	1,0	2,0	2,8	1,0	2,0	2,8	1,0	2,0	2,8
y_{o_1}'	0,01677	0,01677	0,01677	0,04754	0,04754	0,04754	0,0766	0,0766	0,0766	0,1079	0,1079	0,1079
y_{o_1}	0,01677	0,03354	0,0469	0,04754	0,09508	0,1330	0,0766	0,1532	0,2145	0,1079	0,2158	0,302
y_{u_1}	0,0099	0,0181	0,0235	0,024	0,0415	0,0552	0,0354	0,0625	0,0795	0,0462	0,0798	—
y_{u_1}'	0,0099	0,00905	0,0084	0,024	0,02075	0,01972	0,0354	0,03125	0,0284	0,0462	0,0399	—
ξ_2	0,521	0,521	0,523	0,733	0,7376	0,7382	0,910	0,915	0,917	1,086	1,092	—
δ_2	0,9361	0,9361	0,9359	0,8603	—	0,8586	0,7456	—	0,7385	—	—	—
x_1'	0,01058	—	0,00897	0,0279	—	0,02298	0,0475	—	0,0385	—	—	—

In Abb. 5 sind die x'-Kurven für die verschiedenen $(p_0\,v_0)$ eingetragen. Mit dem Diagramm, das noch die δ_2-Kurve enthält, lassen sich für den vorliegenden Fall leicht eine Reihe von Aufgaben lösen.

Beispiel I. Der Anfangszustand $p_0\, v_0$ sei gleich 2,65, die Leistung $n_u = 96{,}5$ $\mathrm{PS_u}$. Es ist für diesen Fall der Staudruck zu ermitteln. Gefragt ist daher nach dem Außendruck p_2 und dem Gegendruck p_a im Turbinengehäuse.

Nach Gleichung (6d) ist

$$x'\, p_2 = \frac{n_u}{C_1' \sqrt{p_0\, v_0}} = \frac{96{,}5}{488 \cdot 1{,}628} = 0{,}1212\,.$$

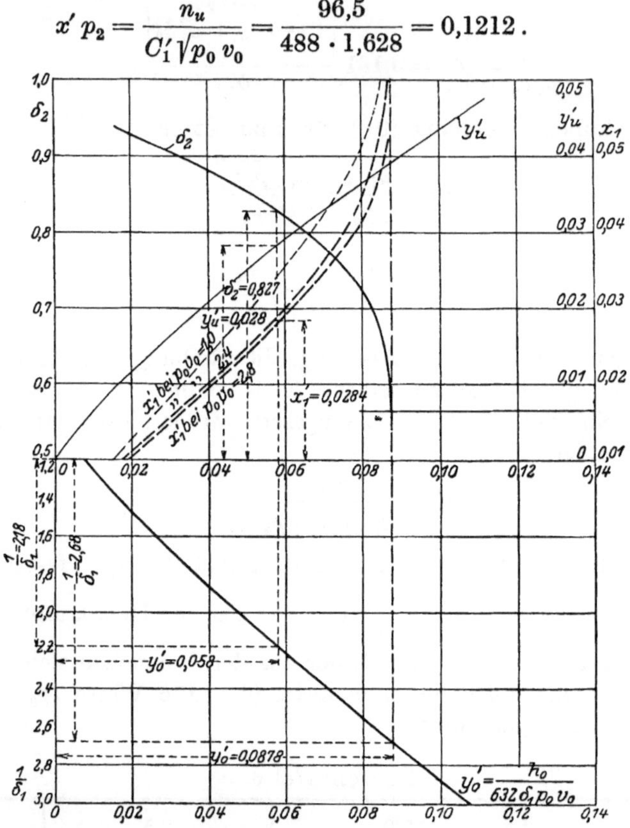

Abb. 5. $\frac{1}{\delta}$-Diagramm einer Hilfsturbine bei veränderlichem Anfangszustand.

Aus dem Diagramm kann etwa $x' = 0{,}057$ angenommen werden, für $\delta_2 = \beta = 0{,}565$. Es ist daher der Außendruck

$$p_2 = \frac{0{,}1212}{0{,}057} = 2{,}12 \text{ At}.$$

Der Innendruck

$$p_a = \frac{p_2}{\beta} = 3{,}75 \text{ At}.$$

Es ergibt sich ferner ein $\frac{1}{\delta_1} = 2{,}68$, somit ein Düsendruck von $p_d = 10{,}05$ At.

Aus dem seinerzeit für verschiedene Anfangsdrücke aufgenommenen Druckverlauf, der hier in Abb. 5a nochmals wiedergegeben ist, kann entnommen werden, daß der Staudruck bei $p_a = 3{,}70$ At liegt.

Beispiel II. Nach Versuch Nr. 30 steigt der Außendruck p_2 auf 4,32 At an. Zu ermitteln sei der Innendruck p_a, wenn $n_u = 98\ \text{PS}_u$ und $p_0 v_0 = 2{,}68$ erreicht.

Hier ist nun der Wert $x' p_2 = 0{,}1227$ und

$$x' = \frac{0{,}1227}{4{,}32} = 0{,}0284\,.$$

Die im Diagramm Abb. 5 in diesem Punkt errichtete Ordinate (Quadrant II) schneidet die δ_2-Kurve im Wert $\delta_2 = 0{,}827$. Es ist daher

$$p_a = \frac{p_2}{\delta_2} = 5{,}23 \text{ At.}$$

Aus Zahlentafel 5 kann entnommen werden, daß der gemessene Druck mit 5,25 At dem errechneten Betrag sehr nahekommt.

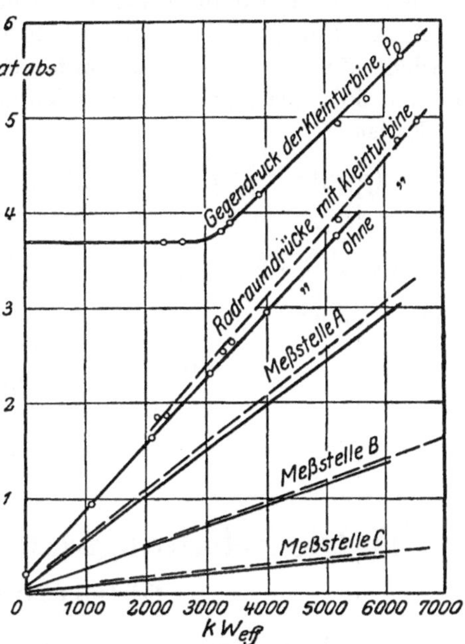

Abb. 5a. Druckverlauf in der Hilfsturbine beim Arbeiten auf die Hauptturbine. (Aus Z. f. ges. Turbwes. 1920, H. 18 u. 19.)

Beispiel III. Es ist für den vorgenannten Fall der Düsendruck und das Dampfgewicht zu bestimmen.

Aus dem I. Quadranten ergibt sich, wie im Diagramm Abb. 5 eingetragen, der Wert $\dfrac{1}{\delta_1} = 2{,}18$. Somit ist der Düsendruck $p_d = 11{,}40$ (gegen 11,45 At aus der Versuchsreihe), da $p_d = p_a \cdot \dfrac{1}{\delta_1}$. Das Dampfgewicht rechnet sich einmal aus den Düsen der Hilfsturbine nach Gleichung (5)

$$d = C_1' \frac{p_d}{\sqrt{p_0 v_0}} = 488 \cdot \frac{11{,}4}{1{,}638} = 3400 \text{ kg/st.}$$

Andererseits ist es durch die Fläche und durch die Druckverhältnisse am Ende der Abdampfleitung bestimmbar. Und zwar nach Gleichung (13a)

$$d' = \xi_2 C_2' \frac{p_a}{\sqrt{p_a v_a}}\,.$$

Es ist aus Gleichung (15a) $\xi_2 = 0{,}798$, da $\delta_2 = 0{,}827$.

Für $\sqrt{p_a v_a}$ ist schätzungsweise der Betrag 1,57 einzusetzen. Es ergibt sich daher

$$d' = 0{,}798 \cdot 1282 \frac{5{,}23}{1{,}57} = 3410 \text{ kg/st},$$

welcher Wert mit dem vorhin ermittelten Gewicht gut übereinstimmt.

Anm. Für $p_a v_a$ kann natürlich auch der genaue Wert eingesetzt werden. Zu diesem Zwecke kann man entweder Gleichung (17a) benutzen, oder man ermittelt das Volumen v_a aus dem J-S-Diagramm. Es ist

$$(p_a v_a) = \left(\frac{C_2'}{C_1}\right)^2 \xi_2^2 \delta_1^2 = \left(\frac{C_2'}{C_1'}\right)^2 (p_0 v_0) \xi_2^2 \delta_1^2 = p_0 v_0 - \frac{y_{u_1} \delta_1}{0{,}161},$$

$$(p_a v_a) = 2{,}68 - \frac{0{,}0235 \cdot 2{,}68}{0{,}161 \cdot 2{,}18} = \underline{2{,}50},$$

somit genauer

$$d'' = 0{,}798 \cdot 1282 \frac{5{,}23}{1{,}58} = 3400 \text{ kg/st}.$$

II. Die Schaltungsarten der Hilfsturbinen untereinander.

Es wurde bereits erwähnt, daß es als Nachteil anzusehen ist, daß die durch die örtlichen Verhältnisse getrennten und daher mechanisch nicht kuppelbaren Hilfsmaschinen eines Kraftwerkes auch getrennte Antriebe erhalten müssen. Bekanntlich ist die Leistungsgröße mitbestimmend auf den Wirkungsgrad der Hilfsturbine, und es ist daher zunächst anzustreben, möglichst große Hilfsturbinenleistungen zu erzielen.

Die verbleibenden örtlich getrennten Hilfsturbinen können nun auf zweierlei Art betrieben werden:

a) Unabhängig voneinander (Parallelbetrieb).

b) Abhängig voneinander (Hintereinanderschaltung).

Die unter a) genannte Betriebsart ist wohl heute noch die weitaus häufigste. Die Anordnung ist gewöhnlich so getroffen, daß die Turbinen von der Frischdampfleitung mit Dampf versehen werden; die Spannung dieses Dampfes ist somit überall ungefähr gleich. Die Abdämpfe werden entweder getrennt oder gemeinsam abgeführt. Das Arbeits- und Druckgebiet jeder Turbine ist so festgelegt und es kann daher für jede Einheit das in den vorigen Abschnitten entwickelte

Näherungsverfahren zur Darstellung der Regelvorgänge angewandt werden. Die $\frac{1}{\delta}$-Diagramme sind voneinander unabhängig.

Bei der unter b) genannten Schaltung ist eine Abhängigkeit in der Weise geschaffen, daß der Abdampf der vorgehenden Hilfsturbine in der nachfolgenden ausgenützt wird. Es ergibt sich daher nur eine Frischdampfzuleitung. Die untereinander verschiedenen Leistungen der Hilfsturbinen verlangen innerhalb des Gesamtdruckgefälles (Anfangsdruck p_0 und Außendruck p_2) eine ganz bestimmte Aufteilung dieses Druckunterschiedes. Im folgenden sollen für zwei hintereinander geschaltete Hilfsturbinen die Verhältnisse näher untersucht werden.

1. Verhalten zweier hintereinander geschalteter Hilfsturbinen.

A. Abkürzungen.

Es bezeichne:

n_{i_1}, n_{i_2} die inneren Leistungen der beiden Hilfsturbinen,
n_{u_1}, n_{u_2} „ Umfangsleistungen „ „ „
n_{r_1}, n_{r_2} „ Radreibungen „ „ „
r_1, r_2 „ Radreibungskonstanten nach Gl. (3).
$p_0\ v_0$ den Dampfzustand vor dem Drosselventil der 1. Turbine (= konstant),
$p_d\ v_d$ „ „ vor den Düsen der 1. Turbine,
$p_a\ v_a$ „ „ nach erfolgter Expansion in der 1. Turbine,
$p_1\ v_1$ „ „ vor den Düsen der 2. Turbine ($= p_a, v_a$),
$p_2\ v_2$ „ „ nach erfolgter Expansion in der 2. Turbine,
$F_1\ C_1$ die Fläche und die Konstante der Düsen der 1. Turbine,
$F_2\ C_2$ „ „ „ „ „ „ „ „ 2. „
h_{o_1}, h_{o_2} „ adiabatischen Gefälle der Turbine 1 und 2,
h_{u_1}, h_{u_2} „ Umfangsgefälle „ „ 1 „ 2,
$\delta_1 = \frac{p_a}{p_d}$, $\delta_2 = \frac{p_2}{p_1} = \frac{p_2}{p_a}$ die Druckverhältnisse der Turbinen 1 und 2,
h_{r_1}, h_{r_2} die Radreibungshöhen der Turbinen 1 und 2.

B. Die „R“-Kurve und deren Konstruktion.

Es sei angenommen, daß die erste Turbine mit einer Drosselregelung versehen ist, während die zweite mit einer idealen Füllungsregelung ausgestattet ist. Ferner sollen der Einfachheit halber für beide Turbinen die gleichen η_u-Gesetze gelten, so daß bei angenommener gleicher Umfangsgeschwindigkeit der mit einfachen Gleichdruckrädern gebaut gedachten Turbinen auch gleiche y_u-Kurven sich ergeben.

Es liegt somit als gegeben die y_o- und y_u-Kurve des $\frac{1}{\delta}$-Diagramms vor, welche für beide Turbinen zu verwenden sind.

Da der Enddruck der Gesamtexpansion durch beide Turbinen festliegt, so muß sich der Zwischendruck p_1 so einstellen, daß die verlangte Leistungsverteilung nachstehende Gleichungen befolgt:

$$\left.\begin{aligned} &1)\quad \frac{n_{i_1}}{C_1\, p_1} = y_{u_1} - \frac{r_1}{C_1} \\ &2)\quad \frac{n_{i_2}}{C_2\, p_2} = y_{u_2} - \frac{r_2}{C_2} \end{aligned}\right\} \qquad (6\,\mathrm{a})$$

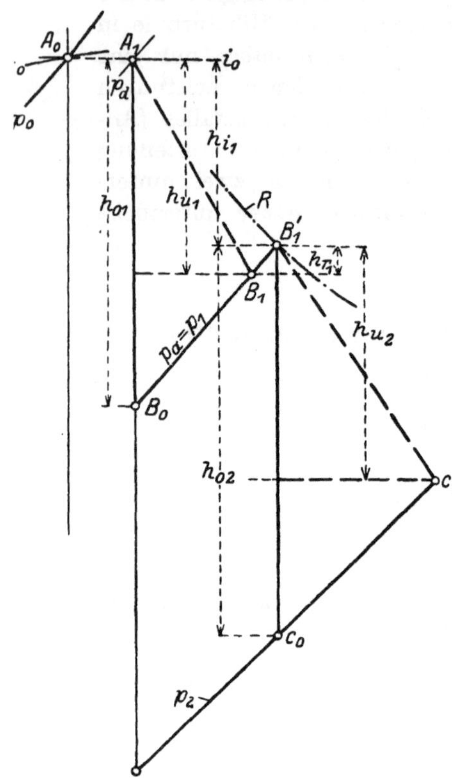

Abb. 6. J-S-Diagramm zweier hintereinander geschalteter Hilfsturbinen.

Der Wert C_2 ist bei obiger Annahme nun nicht mehr als konstant anzusehen. Denn der geometrische Ort aller Expansionsbeginne für die 2. Turbine stellt nicht mehr eine Gerade $i =$ konst. vor, wie dies bei der 1. Turbine der Fall ist, sondern er wird vielmehr durch eine Kurve (*R*), wie in Abb. 6 eingetragen, gebildet.

Ein Punkt dieser Kurve „*R*" kann nun wie folgt bestimmt werden: Der Dampf der 1. Turbine expandiert auf den Druck p_1. Durch Mitteilung der in den Schaufeln entstehenden Verlustwärme an den Dampf ergibt sich die bekannte weitere Entropievermehrung, zu welcher schließlich noch der aus der Radreibung sich ableitende Betrag hinzuzufügen ist.

In Abb. 6 ist durch Anwendung des Umfangswirkungsgrades η_u in bekannter Weise die Umfangshöhe h_{u_1} dargestellt, von welcher der Betrag der Radreibungswärme noch in Abzug zu bringen ist. Der sich ergebende Endpunkt B_1' ist ein Punkt der Kurve „*R*". Um die Gesamtheit sämtlicher Punkte B_1' zu finden, müßten wir bei verschieden angenommenen Drucken $p_a\,(= p_1)$, bei bekanntem festen Wert n_{i_1} und C_1 diese Rechnung jedesmal durchführen. Im $\frac{1}{\delta}$-Diagramm gelingt dies mühelos, wobei außerdem sofort der Düsendruck p_d und das zugehörige Dampfgewicht d mitbestimmt werden kann.

Zu diesem Zweck ist im 2. Quadranten der Abb. 7 die Gefällshöhe $(h_{u_1}' - h_{r_1}') = h_{i_1}'$ einzutragen. Die für die Bestimmung des Dampfgewichtes notwendigen Werte $a\, p_a\, v_a = a\, p_1\, v_1$ ergeben sich dann als die Abstände der Punkte dieser Kurve von einer in der Entfernung $(a\,p_o\,v_o)$ von der Abszissenachse gezogenen Parallelen $P_1\,P_2$. Denn es ist

$$h'_{i_1} = h'_{u_1} - h'_{r_1} = a\,(p_o\,v_o - p_1\,v_1)\,,\quad a = \frac{130\,000}{3 \cdot 632}\,A\,. \tag{18}$$

$$a\,p_1\,v_1 = a\,p_o\,v_o - (h'_{u_1} - h'_{r_1})\,.$$

Für h'_r kann man mit großer Näherung schreiben

$$h'_{r_1} = \frac{r_1\,p_1}{d} = \frac{r_1}{C_1}\cdot\delta_1 = k_1\cdot\delta_1\,, \tag{19}$$

d. h. die Radreibungshöhe h_{r_1} ist vom Druckverhältnis δ_1 etwa geradlinig abhängig.

Das $\frac{1}{\delta}$-Diagramm gestattet also die Darstellung des für die spätere Rechnung wichtigen Wertes $p_a\,v_a$ oder $p_1\,v_1$ in einfacher Weise für den ganzen in Betracht kommenden Expansionsverlauf.

C. Die Bestimmung der Wärmegefälle der 2. Turbine.

Vom Punkt „B_1'''" der Abb. 6 findet die Expansion auf den Druck p_2 in der 2. Turbine unter ähnlichen Verhältnissen, wie bei der 1. Turbine, statt, wobei zur Vereinfachung der Darstellung angenommen sei, daß ein Druckverlust in der Überströmrohrleitung vernachlässigt werden kann. Es ist, wie schon angegeben, $p_a = p_1$, $v_a = v_1$.

Die durch den Anfangszustand $p_1\,v_1$ und durch den Enddruck p_2 festgelegte adiabatische Höhe läßt sich angenähert, ähnlich Gleichung (8), schreiben zu

$$h_{o_2} = 632\,a\,p_1\,v_1\,(1 - \delta_2^m)\,. \tag{8 a}$$

Dividieren wir wieder durch das zugehörige Druckverhältnis δ_2 und noch durch 632, so entsteht

$$y_{o_2} = \frac{h_{o_2}}{632\,\delta_2} = 0{,}161\,p_1\,v_1\,\frac{(1 - \delta_2^m)}{\delta_2}\,.$$

Würden wir $(p_1\,v_1)$ durch $(p_0\,v_0)$ ersetzen, so erscheint der Wert

$$y'_{o_2} = 0{,}161\,p_0\,v_0\,\frac{(1 - \delta_2^m)}{\delta_2}$$

in der schon gezeichneten y_{o_1}-Kurve des 1. Quadranten der Abb. 7 dargestellt. Eine im Abstand $\frac{1}{\delta_2}$ errichtete Abszisse schneidet den Wert y'_{o_2} aus. Der tatsächliche Höhenwert ist dann

$$y_{o_2} = y'_{o_2}\,\frac{a\,p_1\,v_1}{a\,p_0\,v_0}\,.$$

Diese Gleichung ist in Abb. 7 graphisch gelöst. Es ist $0'\,1' \parallel 0\,1$ zu machen und die Strecke $0\,0'$ stellt y_{o_2} vor. Lotet man dann die so gefundenen y_{o_2}-Werte auf die zugehörigen $\frac{1}{\delta_2}$-Abszissen nach den 1. Quadranten, so ergibt sich eine y_{o_2}-Kurve, die für die 2. Turbine gilt. Dies ist in Abb. 7 geschehen.

D. Die Berechnung der Dampfmenge aus dem Zustand ($p_1\,v_1$).

Da sich vor der Düse der 2. Turbine der Druck p_1 einstellt, von dem wir zunächst annehmen wollen, daß er größer als der zum Druck p_2

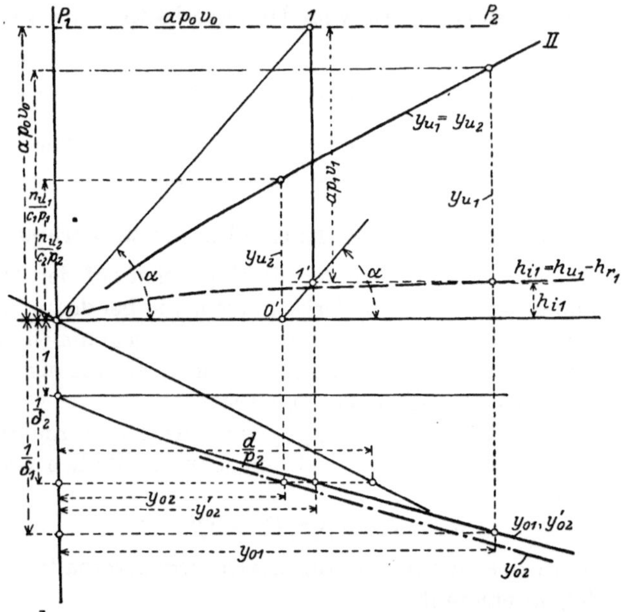

Abb. 7. $\frac{1}{\delta}$-Diagramm zweier hintereinander geschalteter Hilfsturbinen. Bestimmung des Wärmegefälles der 2. Turbine.

gehörige kritische Druck ist, so kann die Dampfmenge bekanntlich auch wie folgt gerechnet werden:

$$d = C_2\,p_1 = C_2' \frac{p_1}{\sqrt{p_1 v_1}}\,, \tag{5b}$$

hierin ist

$$C_2' = 3600 \cdot \psi \cdot F_2\,,$$

somit eine für eine bestimmte Turbine nur mit F_2 sich ändernde Größe. Andererseits war nach Gleichung (5)

$$d = C_1\,p_d = \frac{C_1}{\delta_1} \cdot p_a = \frac{C_1}{\delta_1}\,p_1 = \frac{C_1'\,p_d}{\sqrt{p_0 v_0}}\,.$$

Durch Vergleich folgt

$$\frac{C_1}{C_2} = \frac{p_1}{p_d} = \delta_1,$$

also

$$C_2 = \frac{C_1}{\delta_1} = \frac{d}{p_1} = \frac{C_2'}{\sqrt{p_1 v_1}}.$$

Die schon erwähnte Konstruktion von $\frac{d}{p_1}$ ergibt auch den Wert C_2. Der die Fläche F_2 bestimmende Wert C_2' ist ferner in

$$\left(\frac{C_1'}{C_2'}\right) = \sqrt{\left(\frac{p_0 v_0}{p_1 v_1}\right)} \cdot \left(\frac{p_1}{p_d}\right) = \sqrt{\left(\frac{p_0 v_0}{p_1 v_1}\right)} \cdot \delta_1 = \sqrt{\frac{y_{o_2}'}{y_{o_2}}} \cdot \delta_1 \tag{20}$$

enthalten. Bei bekannten Druckverhältnissen δ_1 und δ_2 läßt sich der Wurzelwert bestimmen, wodurch C_2' und somit F_2 bekannt wird.

Bei unterkritischen Druckverhältnissen δ_2 tritt zu dem Wert C_2' in (5b) der Verminderungsfaktor ξ_2, welcher nur von δ_2 abhängt. Die Gleichung (20) ändert sich für diese Fälle ab in

$$\frac{C_1'}{C_2'} = \xi_2 \sqrt{\frac{y_{o_2}'}{y_{o_2}}} \cdot \delta_1 . \tag{21}$$

E. Anwendungen.

Führt man die in C und D angegebenen Konstruktionen bzw. Rechnungen für mehrere Zwischendrücke p_1 durch, so erhält man, bei festem n_{i_1}, die sich aus der Dampfmenge und dem Gefälle ergebende Leistung n_{i_2} als Funktion des Zwischendruckes p_1. Jedes Dampfgewicht verlangt die Einstellung einer ganz bestimmten Öffnung F_2, welche sich aus Gleichung (5) berechnet. Die tatsächliche Leistung n_{i_2} ergibt dann eingetragen die gesuchten Verhältnisse, insbesondere ist dann der Druck p_1 bekannt, der sich einstellen muß, um die beiden Leistungen n_{i_1} und n_{i_2} zu erzielen.

Beispiel I. Es seien die Anfangswerte des Beispieles auf S. 21 wieder zugrunde gelegt. Die 2. Turbine sei gleich der 1. Turbine gebaut, die y_u-Werte sind daher identisch. Ferner ist $r_1 = 1{,}92$ angenommen, dagegen $r_2 = 0$ gesetzt. Wir verzeichnen daher von früher:

$$p_0 = 8{,}5 \text{ At}, \quad t_0 = 250^\circ, \quad n_{i_1} = 46 \text{ PS}_i, \quad C_1 = 202, \text{ und}$$
$$a\, p_0 v_0 = 0{,}385, \quad r_1 = 1{,}92,$$

Der Gegendruck im Abdampfstutzen der 2. Turbine sei mit $p_2 = 1{,}384$ At angenommen (alle Drücke in At abs.).

Gefragt sei nach derjenigen Leistung, die sich bei einer bestimmten Öffnung $F_2 = 840 \text{ mm}^2$ in der 2. Turbine erzielen läßt, wenn $n_{i_1} = 46 \text{ PS}_i = \text{konst.}$ bleibt.

Wir wissen bereits aus dem obigen Beispiel auf S. 22 des Abschnittes 3 B und aus Abb. 4, daß die Strömung in der 2. Düse überkritisch ist. Denn es ist

$$x = \frac{n_{i_1}}{C_1 p_2} = \frac{46}{202 \cdot 1{,}384} = 0{,}1635\,,$$

somit größer als der kritische Wert $\overline{x} = 0{,}116$, welcher Wert sich in Abb. 4 durch Verlängerung der dort eingetragenen x-Kurve mit der Ordinate in $y_o = 0{,}12$ finden läßt. Ferner ist für das kritische Verhältnis

$$\frac{1}{\delta_1} = 2{,}08\,, \qquad p_1 = 3{,}46\ \mathrm{At} \qquad p_d = 7{,}20\ \mathrm{At} \qquad d = 1455\ \mathrm{kg/st}$$

und es wird

$$\frac{1}{\delta_2} = \frac{3{,}46}{1{,}384} = 2{,}5\,,$$

aus dem Diagramm Abb. 8 folgen mit $h'_r = \frac{r_1}{C_1}\,\delta_1 = 0{,}0046$ die Werte:

$$y_{o_2} = 0{,}166\,, \qquad \frac{n_{u_2}}{p_2} = 42{,}0\,, \qquad n_{u_2} = n_{i_2} = 58{,}0\ \mathrm{PS_i}\,.$$

Bei der angenommenen Fläche $F_2 = 840\ \mathrm{mm}^2$ stellt sich somit der kritische Staudruck $p_1 = 3{,}46$ At ein. Die Leistung $n_{i_1} = 46\ \mathrm{PS_i}$ bestimmt ein Dampfgewicht von 1455 kg/st, während sich in der 2. Turbine eine Leistung von max 58,0 $\mathrm{PS_i}$ noch erzielen läßt.

Beispiel II. Hat das 1. Beispiel die Aufgabe behandelt, für bekannte vorliegende Verhältnisse bei gegebenen n_{i_1} und p_2 die maximal zu erzielende Leistung n_{i_2} zu finden, so ist in der Praxis der umgekehrte Fall, für die Leistungen n_{i_1} und n_{i_2} den Zwischendruck zu suchen, der weitaus häufigste. Wir nehmen die vorigen Anfangszustände wieder an. Der Enddruck p_2 sei mit 1,5 At festgelegt. Ferner betrage

$$n_{i_1} = 46\ \mathrm{PS_i} \quad \text{und} \quad n_{i_2} = n_{u_2} = 60\ \mathrm{PS_i}\,,$$
$$C_1 = 202\,, \qquad r_2 = 0\,,$$
$$r_1 = 1{,}92\,,$$
$$F_1 = 420\ \mathrm{mm}^2\,.$$

Die Turbine 1 besitzt wieder die normale Drosselregelung. Die Düsenabmessungen sind, wie oben angegeben, mit einer engsten Fläche $F_1 = 420\ \mathrm{mm}^2$ ausgeführt. Im Abschnitt 3, S. 16 wurde gefunden, daß sämtliche $\frac{n_{u_1}}{p_1}$-Werte für diesen Fall auf einer Geraden C_1 im 3. Quadranten liegen, die auch in Abb. 8 eingetragen ist. Für jeden Zwischendruck p_1 ergibt sich daher ein bestimmter Düsendruck p_d

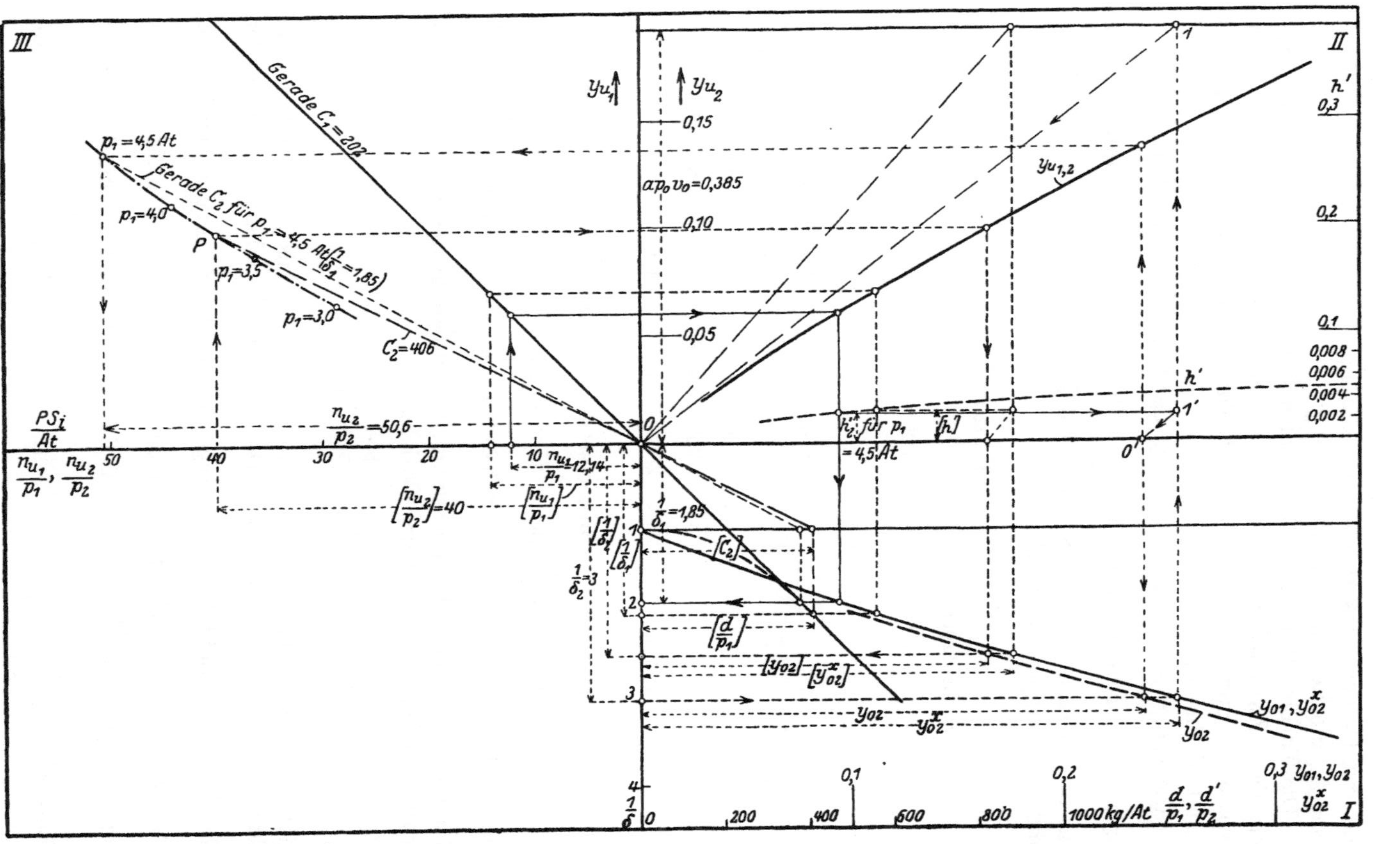

Abb. 8. $\frac{1}{\delta}$-Diagramm zweier hintereinander geschalteter Hilfsturbinen (Beispiel I u. II).

und mit C_1 auch das zugehörige Dampfgewicht, das auf der Gefällshöhe h_{u_1} die Leistung n_{u_1} hervorbringt.

Die Turbine 2 ist mit einer idealen Füllungsregelung versehen; das mit dem Zwischendruck p_1 aus vorigem bestimmte Dampfgewicht expandiert nun in den Düsen der 2. Turbine auf den Enddruck p_2 und leistet hierbei n_{u_2} PS.

Der Gang der Rechnung ist nun der folgende: Man wähle verschiedene p_1 und rechne die Werte $\frac{n_{u_1}}{p_1}$. Diese ergeben in bekannter Weise aus dem Diagramm Abb. 8 die Werte $\frac{1}{\delta_1}$ und somit auch die Drücke p_d und die Dampfgewichte d.

Zahlentafel 7.

1.	Zwischendruck p_1 . . .	3,0	3,5	4,0	4,5	At (abs.)
2.	$\frac{n_{i_1}}{p_1}$	15,32	13,14	11,50	10,22	
3.	$\frac{n_{u_1}}{p_1}$	17,24	15,06	13,42	12,14	
4.	$\frac{1}{\delta_1}$	2,20	2,06	1,95	1,85	
5.	p_d	6,6	7,21	7,8	8,33	At (abs.)
6.	$\frac{1}{\delta_2}$	2,00	2,33	2,66	3,00	
7.	d	1332	1456	1575	1682	kg/st
8.	$\frac{n_{u_2}}{p_2}$	28,7	36,4	44,4	50,6	

Konstruiert man nun unter steter Anwendung der Abb. 7 zu den einzelnen Werten von $\frac{1}{\delta_2}$ die y_{o_2}-Kurve, so ist diese für die Rechnungen der 2. Turbine genau so zu behandeln als wie die Kurve y_{o_1} über $\frac{1}{\delta_1}$ für die 1. Turbine. Es sind daher, da außerdem das Dampfgewicht d vorgeschrieben ist, nach der Beziehung

$$C_2 = \frac{d}{p_1} = C_1 \frac{1}{\delta_1},$$

die einzelnen C_2-Geraden gegeben, die den jeweils gültigen Wert der Fläche F_2 festlegen. Die Schnitte dieser C_2-Geraden mit den in den Punkten $\frac{1}{\delta_2}$ errichteten Linienzüge (nach Abb. 8) ergeben im 3. Quadranten die spezifische Leistungskurve der 2. Turbine. Die Abszissen sind bekanntlich $\frac{n_{u_2}}{p_2}$, so daß sich die n_{u_2} bestimmen lassen. In unserem Beispiel soll $\frac{n_{u_2}}{p_2} = \frac{60}{1,5} = 40$ sein, d. h. eine hierin errichtete Ordinate schneidet die Kurve der spezifischen Leistungen der 2. Turbine im Punkt P, welcher in das Kurvenbild projiziert, den Wert $\left[\frac{1}{\delta_2}\right]$ liefert. Damit ist auch $[p_1]$, der gesuchte Zwischendruck, bestimmt und alle anderen Größen. Aus Abb. 8 findet sich für den obigen Fall:

$$\left[\frac{1}{\delta_2}\right] = 2{,}49\,, \qquad [p_1] = 3{,}74\,\text{At}\,,$$

$$\left[\frac{1}{\delta_1}\right] = 2{,}0\,, \qquad [p_d] = 7{,}48\,\text{At}\,,$$

$$[d] = 1510\,\text{kg/st}.$$

Ferner ist aus Abb. 8 $y_{o_2} = 0{,}164$, und

$$\sqrt{\frac{y_{o_2}}{y'_{o_2}}} = 0{,}96$$

Somit ist:

$$C'_2 = C'_1 \frac{1}{\delta_1} \sqrt{\frac{y_{o_2}}{y'_{o_2}}}$$

$$= 312 \cdot 2{,}0 \cdot 0{,}96 = 600$$

und

$$[F_2] = \frac{C'_2}{74{,}2} = \mathbf{810\ mm^2},$$

die für den obigen Fall sich ergebende Düsenfläche der 2. Turbine. In Abb. 9 ist aus dem $\frac{1}{\delta}$-Diagramm die Aufgabe im J-S-Diagramm in der gewohnten Weise dargestellt. Aus dieser Abbildung erkennt man den Verlauf der „R“-Kurve als den geometrischen Ort der Ausgangspunkte der 2. Expansion.

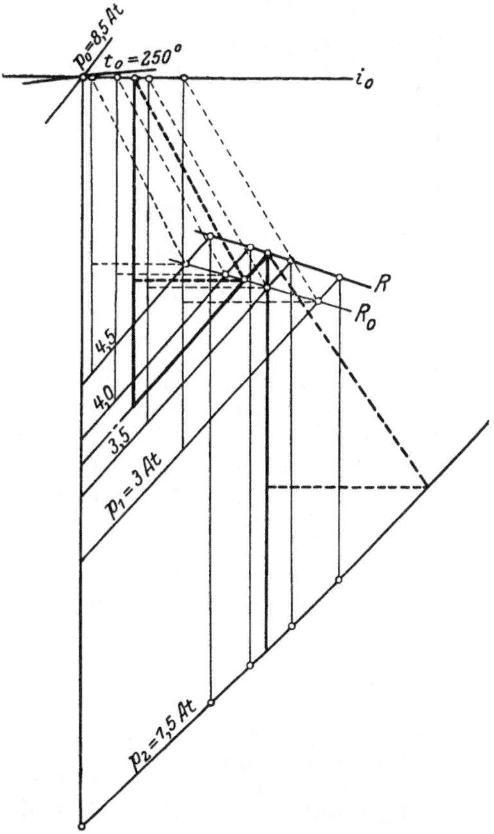

Abb. 9. J-S-Diagramm zweier hintereinander geschalteter Hilfsturbinen (Darstellung Beispiel I u. II).

Eine Bestätigung der obigen graphischen Lösung kann man durch Rechnung des Volumens $[v_1]$ aus dem J-S-Diagramm herbeiführen. Es müßte dann sein

$$[d] = C'_2 \frac{[p_1]}{\sqrt{[p_1 v_1]}}\,.$$

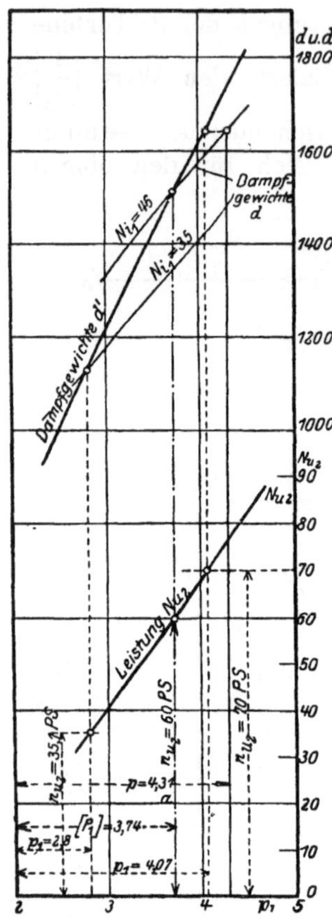

Abb. 10. Leistungsaufteilung und Dampfgewicht zweier hintereinander geschalteter Hilfsturbinen in Abhängigkeit vom Zwischendruck p_1, (Außen-Gegendruck $p_2 = 1{,}5$ At).

Wir finden hier[1]):

$$[h_{0_1}] = 35 \text{ WE} \quad [\eta_{u_1}] = 63{,}5 \text{ vH.}$$

$$[h_{0_2}] = 41{,}5 \text{ WE} \, [\eta_{u_2}] = 60{,}5 \;\;,,$$

$$[h_{i_1}] = 19{,}2 \text{ WE}$$

$$[t_1] = 205{,}6^\circ,$$

$$[v_1] = 0{,}591, \quad \sqrt{[p_1 v_1]} = 1{,}484$$

und

$$[d] = \frac{600 \cdot 3{,}74}{1{,}484} \sim 1510 \text{ kg/st.}$$

etwa gleich dem obigen Wert.

Aus dem obigen Beispiel geht hervor, daß durch Festlegung der Düsenfläche F_2 eine ganz bestimmte Leistungsaufteilung gegeben ist. Dies tritt noch deutlicher in der folgenden Abb. 10 hervor, in welcher als Abszisse die Zwischendrucke p_1 und als Ordinate die Leistungen $n_{i_2} = n_{u_2}$ nebst den Dampfgewichten d und d' aufgetragen sind. Hierin ist mit d dasjenige Dampfgewicht gemeint, das sich aus der als unveränderlich anzusehenden Leistung der 1. Turbine (n_{i_1}) aus dem $\frac{1}{\delta}$-Diagramm der Abb. 8 ergeben hat, während d' die Dampfmenge bedeutet, welche beim Druck p_1 durch die 2. Düse $F_2 = 810 \text{ mm}^2$ hindurchströmt. Mit letzterer Dampfmenge ist gemäß der folgenden Tabelle auch das $n'_{i_2} = n'_{u_2}$ gerechnet worden.

Zahlentafel 8.

1.	Zwischendruck p_1	3	3,5	4,0	4,5	At
2.	Dampfmenge d	1330	1456	1575	1682	kg/st
3.	Dampfmenge d'	1220	1420	1629	1818	kg/st
4.	Leistung $n_{u_2} = n_{i_2}$	43	54,6	66,5	76	PSi $= \frac{d'}{d} \cdot n'_{u_2}$
5.	Leistung $n'_{u_2} = n'_{i_2}$	39,4	53,4	68,5	82,1	PSi .

Eine im Schnittpunkt der d- und d'-Geraden errichtete Senkrechte ergibt den sich einstellenden Zwischendruck mit $p_1 = 3{,}74$ At, wie schon vorhin gefunden, für $n_{u_2} = 60$ PS.

[1]) Nach dem J-S-Diagramm von Mollier-Wagner.

2. Praktischer Fall des Hintereinanderschaltens von Hilfsturbinen.

Die oben erwähnte ideale Füllungsregelung der 2. Turbine hat eine einfache Lösung zur Ermittlung der Druckverteilung bei gegebenen Leistungen gebracht. Es ist gezeigt worden, wie bei fest angenommener Leistung n_{i_1} der 1. Turbine eine Veränderung von n_{i_2} in der 2. Turbine jeweils eine neue Düsenfläche F_2 verlangt, damit keinerlei Drosselungen zwischen den Turbinen entstehen können. Diese ideale Einstellung der Düse F_2 durch den Regler der 2. Turbine wird in der Praxis wohl kaum zu erreichen sein. Hier wird vielmehr vorwiegend der Fall vorherrschen, daß auch die 2. Turbine eine gewöhnliche Drosselregelung besitzt, so daß von vornherein mit Druckabfällen zwischen den beiden Turbinen gerechnet wird werden müssen. Es wird daher der Expansionsverlanf im J-S-Diagramm die in Abb. 11 dargestellte Einteilung annehmen.

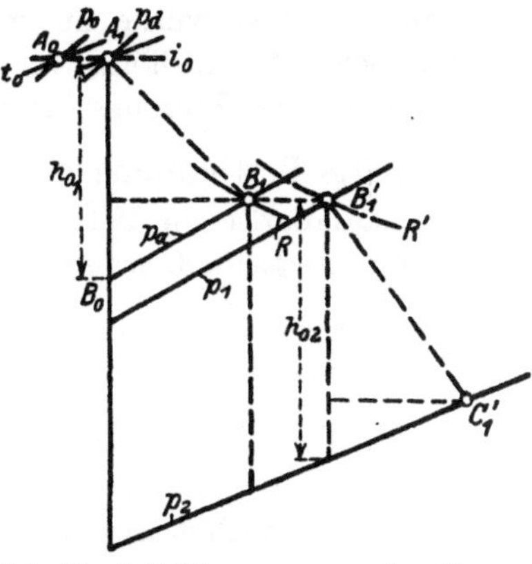

Abb. 11. J-S-Diagramm zweier hintereinander geschalteter Hilfsturbinen mit Drosselung der zweiten Turbine.

A. Abkürzungen und Bezeichnungen.

Es bedeute wieder, ähnlich S. 33:

n_{i_1}, n_{i_2} die inneren Leistungen der beiden Turbinen,
n_{u_1}, n_{u_2} die Umfangsleistungen „ „ „
n_{r_1}, n_{r_2} „ Radreibungsverluste „ „ „
r_1, r_2 „ Radreibungskonstanten nach Gl. (3),
p_0, v_0 den Dampfzustand vor dem Drosselventil der 1. Turbine
p_d, v_d „ „ vor den Düsen der 1. Turbine,
p_a, v_a „ „ nach erfolgter Expansion in der 1. Turbine,
p_1, v_1 „ „ vor den Düsen der 2. Turbine
p_2, v_2 „ „ nach erfolgter Expansion in der 2. Turbine,
F_1, C_1 die Fläche und Konstante der Düsen der 1. Turbine,
F_2, C_2 „ „ „ „ „ „ „ 2. „

$$\left.\begin{aligned}\delta_1 &= \frac{p_a}{p_d}\\ \delta_2 &= \frac{p_2}{p_1}\end{aligned}\right\}$$ die Druckverhältnisse,

$\Delta p = p_a - p_1$ den Druckabfall zwischen den Turbinen, im Drosselventil der 2. Turbine.

B. Die R- und R'-Kurve.

Die Konstruktion der R-Kurve als des geometrischen Orts der Expansionsendpunkte der 1. Turbine wurde bereits im vorigen Paragraphen mitgeteilt. Durch die Drosselung des 2. Reglerventiles entsteht ein Druckabfall Δp, so daß die Expansionsanfangspunkte der 2. Turbine auf eine R'-Kurve zu liegen kommen, die um den jeweiligen Druckabfall auf $i =$ konst.-Geraden nach rechts verschoben ist. In Abb. 11 ist dies dargestellt. Von hier aus findet die Expansion in der 2. Turbine in der gleichen Weise statt, wie wenn sie von der R-Kurve aus vor sich gehen würde, nur mit dem Unterschiede, daß die zugeteilten adiabatischen Gefällshöhen h_{o_2} der 2. Turbine nun kleiner sind wie im Fall der idealen Füllungsregelung.

C. Die Bestimmung der Wärmegefälle in der 2. Turbine.

Die adiabatischen Wärmegefälle h_{o_2} der 2. Turbine sind, von der R'-Kurve ausgehend, zwischen den Drücken p_1 und p_2 gelegen. Ihre Bestimmung ist daher im $\frac{1}{\delta}$-Diagramm nach schon bekannter Weise vorzunehmen.

D. Die Berechnung der Dampfmenge aus dem Zustand $p_1 v_1$.

Da der neue Zustand $(p_1 v_1)$ vor den Düsen der 2. Turbine bei Drosselregelung bekanntlich aus dem Zustand $(p_a v_a)$ hervorgeht, besteht die Beziehung

$$p_1 v_1 = p_a v_a , \tag{22}$$

so daß die Gleichungen der S. 36 übernommen werden können:

$$d = C_2' \frac{p_1}{\sqrt{p_1 v_1}} = C_2' \frac{p_1}{\sqrt{p_a v_a}} \tag{5c}$$

mit

$$C_2' = 3600 \cdot \psi \cdot F_2 .$$

Ferner ist wieder $d = C_1' \frac{p_d}{\sqrt{p_0 v_0}}$, so daß jetzt für überkritische Strömung

$$\frac{C_1'}{C_2'} = \sqrt{\frac{p_0 v_0}{p_1 v_1}} \cdot \left(\frac{p_1}{p_d}\right)$$

oder auch

$$= \sqrt{\frac{p_0 v_0}{p_a v_a}} \cdot \left(\frac{p_1}{p_d}\right) = \sqrt{\frac{y_{o_2}'}{y_{o_2}}} \cdot \left(\frac{p_1}{p_d}\right) \tag{20a}$$

wird. Für unterkritischen Durchfluß ist

$$\frac{C_1'}{C_2'} = \xi_2 \sqrt{\frac{y_{o_2}'}{y_{o_2}}} \cdot \left(\frac{p_1}{p_d}\right). \tag{21a}$$

E. Anwendungen.

Es seien die Annahmen des im Abschnitt 1 des 2. Teiles behandelten Beispiele wieder zugrunde gelegt. Jedoch sei die ideale Füllungsregelung der 2. Turbine gegen eine Drosselregelung ausgetauscht.

Aus der Abb. 8 geht hervor, daß die 2. Turbine bei volleröffnetem Ventil ($\Delta p = 0$) gerade eine Leistung von 60 PS_i aufnehmen kann, falls die Leistung der 1. Turbine = 46 PS_i und $F_2 = 810$ mm² bleibt. Diese Leistung von 60 PS_i bestimmt — immer konstante Belastung der 1. Turbine angenommen — die untere Reguliergrenze. D. h. die Leistung der 2. Turbine n_{i_2} darf keinesfalls kleiner als dieser Grenzwert (= 60 PS_i) werden, denn sonst würde die von der 1. Turbine anfallende Dampfmenge von der 2. Turbine nicht mehr voll verarbeitet werden können.

Es wird sich zu jeder Leistung n_{i_1} ein solcher Grenzwert n_{i_2} zuordnen lassen.

Beispiel 1. Es betrage die Belastung der 1. Turbine z. B. nur 35 PS_i. Dann läßt sich ähnlich Abb. 10 für diesen Fall wieder für verschiedene Gegendrücke p_a (jetzt $= p_1$) eine Leistungskurve n_{u_2} aufstellen. Da aber $F_2 = 810$ mm² festliegt, so schneidet im 3. Quadranten eine unter der Neigung $C_2 = C_2' \dfrac{1}{\sqrt{p_1 v_1}} \sim 406$ errichtete Gerade diese n_{u_2}-Kurve in der gesuchten Grenzleistung. Für den Fall $n_{i_1} = 35$ PS_i erhalten wir:

Zahlentafel 9.

	Zwischendruck p_a	2,5	3	3,5	4,0	At $= p_1$
1.	$\dfrac{n_{i_1}}{p_a} = \dfrac{n_{i_1}}{p_1}$ . . .	14	11,67	10	8,75	PSi/At
2.	$\dfrac{n_{u_1}}{p_a} = \dfrac{n_{u_1}}{p_1}$ . . .	15,92	13,59	11,92	10,67	PSu/At
3.	$\dfrac{1}{\delta_1}$	2,11	1,95	1,83	1,74	
4.	p_d	5,28	5,85	6,41	6,96	At
5.	d	1070	1180	1295	1405	kg/st
6.	$\dfrac{1}{\delta_2}$	1,67	2,0	2,33	2,66	
7.	$\dfrac{n_{u_2}}{p_2}$	19,12	25,4	33	40	PSu/at = PSi/At

Der Schnitt erfolgt bei $p_1 = 2{,}8$ At (Abb. 10), und es ergeben sich aus dem $\dfrac{1}{\delta}$-Diagramm die folgenden Werte:

$$\frac{1}{\delta_2} = 1{,}87\,, \qquad p_1 = 2{,}8\ \text{At}\,, \qquad \frac{n_{u_1}}{p_1} = 14{,}42\,,$$

$$\frac{1}{\delta_1} = 2{,}02\,, \qquad p_d = 5{,}65\ \text{At}\,, \qquad d = 1140\ \text{kg/st}.$$

Im Schnittpunkt der n_{u_2}-Kurve trifft sich ferner auch die Ordinate, die in $\dfrac{n_{u_2}}{p_2} = 23{,}4$ errichtet ist. Es wird also $n_{u_2} = n_{i_2} = 35{,}1$ PS_i.

Schließlich kann der Wert $(p_1 v_1)$ nachgeprüft werden. Es ist: $a\, p_1 v_1 = 0{,}355$, $\sqrt{p_1 v_1} = 1{,}483$, daher $C_2 = \frac{600}{1{,}483} \backsim 405$, mit welchem Wert die Rechnung zu wiederholen wäre.

Beispiel II. Es sei nun der Fall betrachtet, daß die 2. Turbine Lastschwankungen erleidet. Die Leistung der 1. Turbine bleibe wieder wie früher = 46 PS_i. Unter den obigen Annahmen soll z. B. die Leistung der 2. Turbine n_{i_2} auf $60 + 10 = 70$ PS_i ansteigen. Es ist für diesen Fall die Druckverteilung anzugeben.

Um diese Mehrleistung bei gleichbleibender Belastung der 1. Turbine übernehmen zu können, muß ein erhöhtes Dampfgewicht der 2. Turbine zugeführt werden. Dieses bedingt aber auch einen erhöhten Zwischendruck p_1, welcher das größere Gewicht durch die gleichbleibende Fläche F_2 durchpressen muß. Infolge der sich einstellenden etwas größeren Gefällshöhe in der 2. Turbine wird der Mehraufwand an Dampf nicht im Leistungsverhältnis anzusteigen brauchen.

Aus Abb. 10, die für $n_{i_1} = 46$ PS_i entworfen ist, folgt ohne weiteres sofort für die Leistung $n_{i_2} = n_{u_2} = 70$ PS ein Druck $p_1 = 4{,}07$ At. Das zugehörige Dampfgewicht ist $d = 1645$ kg/st, welches auch durch die 1. Düse F_1 hindurchströmen muß. Der nötige Druck ist p_d

$$p_d = \frac{d}{C_1} = \frac{1645}{202} = 8{,}15 \text{ At}.$$

Aus Abb. 10 findet man ferner für dieses Gewicht den Staudruck $p_a = 4{,}31$ At, so daß sich folgendes Bild ergibt:

$$n_{i_1} = 46 \text{ PS}_i, \quad p_d = 8{,}15 \text{ At}, \quad p_a = 4{,}31 \text{ At},$$

$$n_{i_2} = 70 \text{ PS}_i, \quad p_1 = 4{,}07 \text{ At}, \quad p_2 = 1{,}5 \text{ At}.$$

Die Aufgabe kann natürlich auch mit dem $\frac{1}{\delta}$-Diagramm gelöst werden.

Für den Fall der Hintereinanderschaltung zweier Hilfsturbinen ergeben sich, wie schon erwähnt, Grenzleistungen. Sie stellen sich dann ein, wenn bei vollgeöffneten Ventilen die größtmöglichste Dampfmenge durch die Turbinen strömt.

Eine Regelung ist nur in engen Grenzen möglich. Wesentlich vereinfacht werden die Verhältnisse, wenn die Möglichkeit besteht, Dampfüberschüsse aus der Leitung mit dem Druck p_a abzuführen.

3. Die Wirtschaftlichkeit der Hintereinanderschaltung von Hilfsturbinen.

Um die Wirtschaftlichkeit der Hintereinanderschaltung nachprüfen zu können, ist zunächst die Vergleichsgrundlage festzulegen.

Wir nehmen an, daß die Hilfsturbinen, z. B. T_1 und T_2, zuerst parallel geschaltet sind und ihren Dampf bei gleichem Druckniveau abgeben. Sie verbrauchen dann zur Erzielung der für den Moment des Vergleiches als unveränderlich angesehenen Leistungen n_{i_1} und n_{i_2} die Dampfmengen d_1 bzw. d_2. Die gesamte vom Kessel oder von der sonstigen Dampfquelle bezogene Dampfmenge beträgt $d = d_1 + d_2$. Bezeichnen $\eta_1\, \eta_2$ die inneren Wirkungsgrade dieser Turbinen, so lassen sich mit $h_{o_1} = h_{o_2} = h_o$ als den adiabatischen Gefällen der Turbinen die Grundgleichungen wie folgt schreiben:

$$\left.\begin{aligned} 632\, n_{i_1} &= d_1\, \eta_1\, h_{o_1} \\ 632\, n_{i_2} &= d_2\, \eta_2\, h_{o_2} \end{aligned}\right\} \tag{23}$$

Setzt man für $\frac{n_{i_2}}{n_{i_1}} = \nu$, so wird

$$d = d_1 + d_2 = 632\, n_{i_1} \left(\frac{1}{\eta_1 h_{o_1}} + \frac{\nu}{\eta_2 h_{o_2}}\right)$$

oder auch

$$d = \frac{632\, n_{i_1}}{h_{o_1}} \left(\frac{1}{\eta_1} + \frac{\nu}{\eta_2}\right). \tag{24}$$

Schalten wir die Turbinen derart hintereinander, daß die Dampfmenge d' zunächst die Turbine T_1 und dann die Turbine T_2 durchströmt, und in diesen die Leistungen n_{i_1} bzw. n_{i_2} erzeugt, so wird sich, wie in den vorigen Paragraphen erläutert, ein Zwischendruck p_1 einstellen. Ein Drosselverlust soll vernachlässigt werden, etwa in der Annahme, daß gerade die Fläche F_2 der Turbine T_2 ausreicht, um beim Druck p_1 die ganze Dampfmenge durchzulassen. Aus dem J-S-Diagramm ist der Expansionsverlauf ersichtlich (Abb. 9). Führt man den Deinleinschen Rückgewinnungsfaktor μ ein, der durch

$$\mu = \frac{h'_{o_1} + h'_{o_2}}{h_o} = 1 + \frac{\Delta h}{h_o}\,^{1)}, \tag{25}$$

definiert ist, so läßt sich h'_{o_1} ausdrücken als

$$h'_{o_1} = \frac{\mu\, h_o}{1 + \frac{\eta'_1}{\eta'_2}\nu}, \tag{26}$$

wobei die Wirkungsgrade η'_1, η'_2 und die adiabatischen Gefälle h'_{o_1}, h'_{o_2} für die hintereinander geschalteten Turbinen gelten. Schließlich ist die Gesamtdampfmenge (= der Dampfmenge jeder Turbine)

$$d' = \frac{632\, n_{i_1}}{\eta'_1\, h'_{o_1}} = \frac{632\, n_{i_1}}{\mu\, h_o} \left[\frac{1}{\eta'_1} + \frac{\nu}{\eta'_2}\right]. \tag{27}$$

[1]) S. auch die während der Drucklegung erschienene Arbeit von A. Zinzen in der Zeitschr. für Techn. Phys. 1925, 5.

Die Ersparnis an Dampf im letzteren Falle beträgt daher

$$\varepsilon = \frac{d - d'}{d} = \frac{\left(\frac{1}{\eta_1} + \frac{\nu}{\eta_2}\right) - \frac{1}{\mu}\left(\frac{1}{\eta_1'} + \frac{\nu}{\eta_2'}\right)}{\frac{1}{\eta_1} + \frac{\nu}{\eta_2}} . \tag{28}$$

Wir nehmen an, daß je zwei Wirkungsgrade gleich seien, und setzen ferner das Verhältnis $\frac{\eta}{\eta'}$ als gegeben voraus, so wird die Ersparnis ε der Hintereinanderschaltung gegenüber der Parallelschaltung:

$$\varepsilon = 1 - \frac{1}{\mu}\frac{\eta}{\eta'} . \tag{28 a}$$

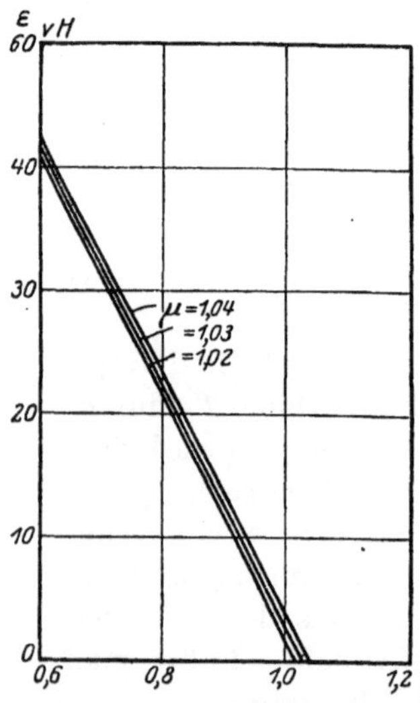

Abb. 12. Prozentuale Dampfersparnis der Hintereinanderschaltung gegenüber Parallelschaltung zweier Hilfsturbinen.

Für verschiedene μ und $\frac{\eta}{\eta'}$ sind die ε-Werte in den folgenden Zahlentafeln errechnet und in Abb. 12 dargestellt.

Zahlentafel 10a.

1. $\frac{\eta}{\eta'} < 1$.

1.	$\frac{\eta}{\eta'} = 0{,}95$	0,90	0,80	0,70	0,60
	bei				
2. $\mu = 1{,}02$	6,8	11,7	21,5	31,3	41,1%
3. $\mu = 1{,}03$	7,8	12,6	22,3	32,0	41,7%
4. $\mu = 1{,}04$	8,6	13,5	23,1	32,7	42,3%

Zahlentafel 10b.

2. $\frac{\eta}{\eta'} > 1$.

1.	$\frac{\eta}{\eta'} = 1{,}0$	1,02	1,03	1,04
2. $\mu = 1{,}02$	1,9	0	—1,0	—2,0%
3. $\mu = 1{,}03$	2,8	0,9	0	1,0%
4. $\mu = 1{,}04$	3,8	1,9	1,0	0%

Man ersieht, daß die Ersparnis ε verschwindet, wenn der reziproke Wert des Rückgewinnungsfaktors gleich dem Wirkungsgradverhältnis $\frac{\eta}{\eta'}$ wird. Sie wird um so größer, je größer die Wirkungsgrade η' der hintereinandergeschalteten Turbinen werden. Bei gleichen Turbinen wird infolge des kleineren Gefälles die Hintereinanderschaltung stets günstiger sein, da der Wirkungsgrad mit abnehmendem Gefälle anwächst.

Hat man zwei verschieden große Leistungen n_{i_1} und n_{i_2} vorliegen, wie dies häufig zutrifft, so ist es zweckmäßig, die größere Leistung voranzustellen. So wird z. B. die Turbine der Kühlwasserpumpe bei einem Kondensationspumpenwerk zuerst Dampf erhalten und diesen an die Turbine der Kondensatpumpe abgeben, wenn aus den eingangs erörterten Gründen ein getrennter Antrieb dieser Pumpen erfolgen muß.

Ist η_u der Gesamtumfangswirkungsgrad, so wird der Gesamtwirkungsgrad auch dargestellt durch

$$\eta_i = \frac{632\,(n_{i_1} + n_{i_2})}{d\,h_0} = \eta_u \cdot \left(1 - \frac{\Sigma n_r}{\Sigma n_u}\right).$$

Es ist also Σn_r zu einem Minimum zu machen. Da die Radreibung aber vom Druck p_1 abhängt, und zwar um so kleiner wird, je geringer der Druck p_1 ist, so folgt, wie schon erwähnt, daß die größere Leistung an die Spitze zu stellen ist, da hierbei bei kleinstem Dampfgewicht das größere Gefälle sich ergibt [1]).

III. Die Schaltungsarten der Hilfsturbinen im Kraftwerksbetrieb.

1. Betriebe mit einer Hilfsturbine.

A. Die Anordnungen.

Das aus Kessel, Hauptturbine, Kondensationsanlage und Speiseeinrichtung bestehend gedachte Kraftwerk erhalte zum Antrieb seiner Hilfsbetriebe eine sog. Haus- oder Hilfsturbine. Deren Betrieb kann nun auf viererlei Arten erfolgen:

Abb. 13, Fall 1. Betrieb mit Frischdampf, Abdampf in den Hauptkondensator oder bei größeren Anlagen in den Hilfskondensator.

Unterfall 1a. Leitung des Abdampfes in einen Vorwärmer.

Abb. 14, Fall 2. Betrieb mit Frischdampf, Abdampf in eine Stufe der Haupt-Turbine.

Abb. 15, Fall 3. Betrieb mit Anzapfdampf aus der Hauptturbine, Abdampf in den Kondensator (Haupt- oder Hilfskondensator, wie bei Fall 1).

Unterfall 3a. Leitung des Abdampfes in einen Vorwärmer.

Abb. 16, Fall 4. Betrieb wie bei Fall 3, Abdampf in eine Stufe der Hauptturbine.

B. Die Wirtschaftlichkeit der einzelnen Schaltungsarten.

Die Wirtschaftlichkeit der Anordnung kann von verschiedenen Gesichtspunkten aus betrachtet werden. Die einfachste Grundlage des Ver-

[1]) Dieser Vorschlag wird durch das engl. Patent Nr. 6688 AD 1908 der British Thomson Houston Co. Ltd. beschrieben.

gleiches zweierlei Anlagen bildet das Dampfgewicht. Je kleiner die für den Betrieb mit einer gewissen Leistung nötige Gesamtdampfmenge ist, desto geringer fallen die Anlagekosten aus, die Wärmeverluste werden infolge der kleinen Rohrdurchmesser geringer usw.

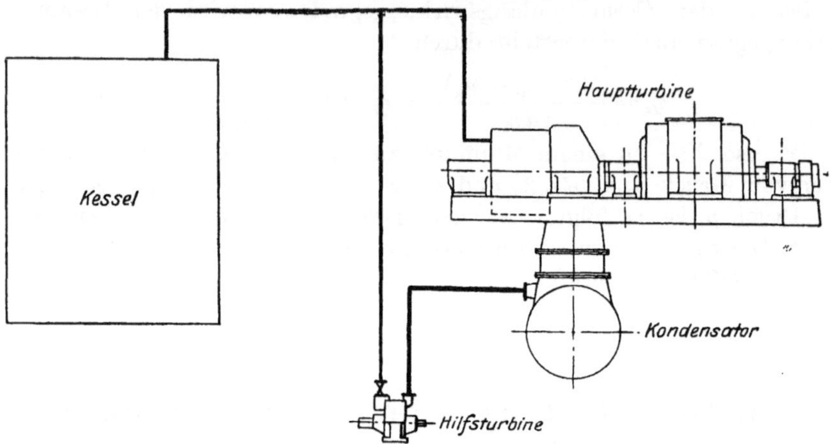

Abb. 13. Betriebsfall 1. Hilfsturbine durch Frischdampf betrieben, Abdampf in den Kondensator.

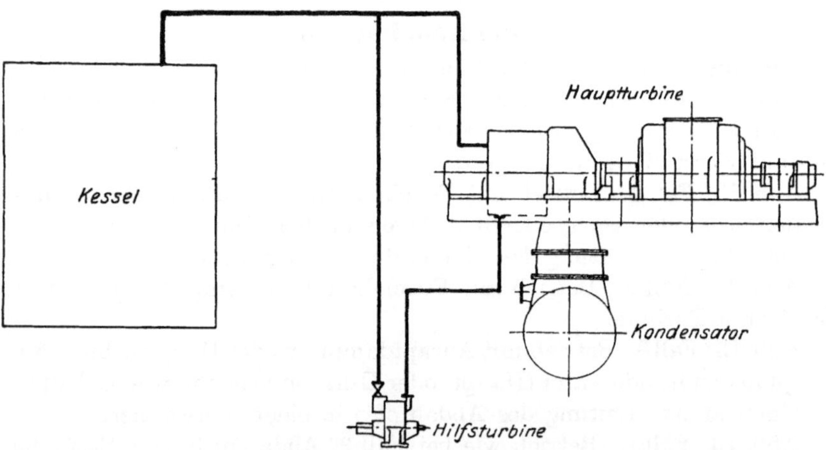

Abb. 14. Betriebsfall 2. Hilfsturbine mit Frischdampf betrieben, Abdampf in eine Stufe der Hauptturbine.

Als zweite Vergleichsgrundlage kann der spezifische Dampfverbrauch dienen. Er ist bekanntlich durch das Verhältnis der Dampfmenge zur Leistung definiert. Da für die Anlage durch Druck und Temperaturen ein bestimmtes adiabatisches Gefälle festgelegt ist, somit der spezifische Dampfverbrauch der verlustlosen Maschine vorliegt, so können auch Rückschlüsse hier auf den Wirkungsgrad der betreffenden Schaltung im allgemeinen gezogen werden.

Die beiden ersten quantitativen Vergleichsgrundlagen erfassen aber die Aufgabe nicht vollständig. Sie geben keinerlei Aufschluß über die

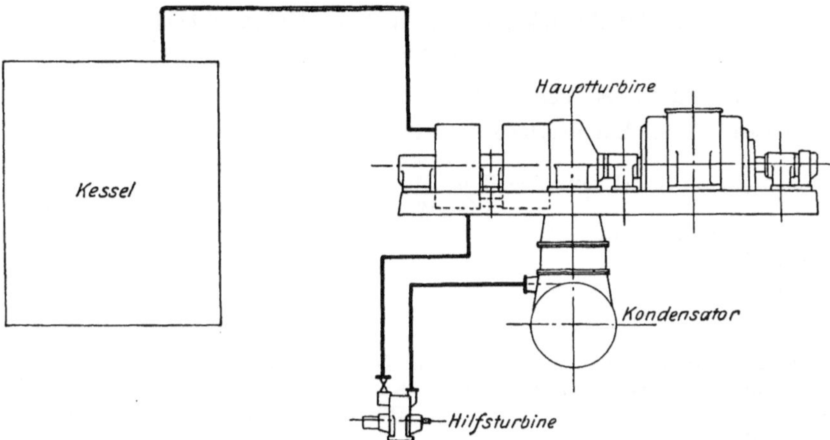

Abb. 15. Betriebsfall 3. Hilfsturbine mit Anzapfdampf aus der Hauptturbine betrieben, Abdampf in den Kondensator.

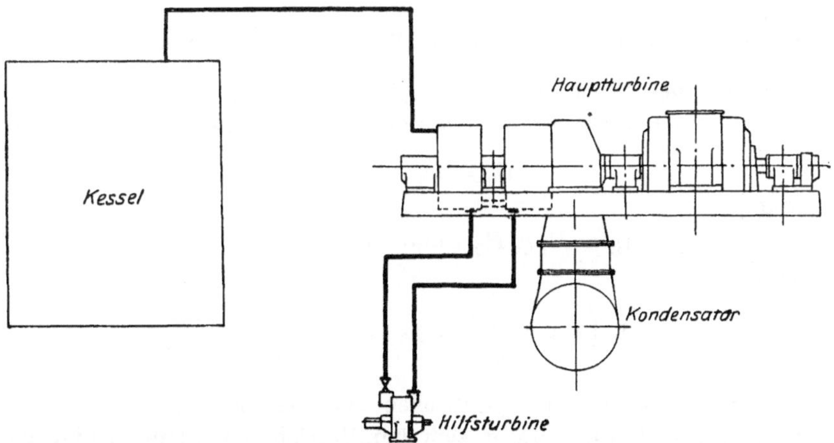

Abb. 16. Betriebsfall 4. Hilfsturbine mit Anzapfdampf aus der Hauptturbine betrieben und Rückleitung des Abdampfes in eine Stufe der Hauptturbine.

in dem Dampf abgehenden Wärmemengen, deren weitere Verwendung ebenfalls nicht besprochen wird. Diese Mängel vermeidet ein Vergleich auf Wärmemengen (qualitative Vergleichsgrundlage), der in thermischer Hinsicht vollkommen über den Wert der Anlage unterrichtet.

Im folgenden sollen die vorerwähnten Vergleichsgrundlagen auf die oben angeführten Schaltungen angewandt werden.

a) Quantitative Vergleichsgrundlagen.

1. Fall I: Getrennter Betrieb (Abb. 13 u. 17). Abdampf beider Turbinen in den Kondensator.

Bezeichnungen. Es bedeutet:

N_1 die Leistung der Hauptturbine A in PSi (*ohne mechanische Verluste*),
N_{e_1} „ „ „ „ A in kW einschl. Generatorverluste,
n „ „ „ Hilfsturbine B in PSi (*ohne mechanische Verluste*),
n_e „ „ „ „ B in kW = 1,36 PSe : 1 · 36 · PSe = Kraftbedarf der Pumpen usw.,
$L_1 = 632\, N_1$,
$l = 632\, n$,
$\frac{n}{N_1} = \frac{l}{L_1} = k_1$, $\frac{n_e}{N_{e_1}} = k_{e_1}$,
H_0 das adiabatische Gefälle, das für beide Turbinen gleich sein soll,
η_0 den inneren Gesamtwirkungsgrad der Hauptturbine,
η_{0k} „ „ „ „ Hilfsturbine, beide bezogen auf das Gefälle H_0,
η_m mechanischer Wirkungsgrad der Hauptturbine,
η'_m „ „ „ Hilfsturbine,
D_1 die Dampfmenge in kg/st der Turbine A bei reinem Kondensationsbetrieb derselben.
d_1 die Dampfmenge in kg/st der Turbine B bei Kondensationsbetrieb derselben.

Der Ausdruck für die Gesamtdampfmenge. Die gesamte vom Kessel zu den Turbinen zuzuführende Dampfmenge setzt sich zusammen aus

$$D_0 = D_1 + d_1 .$$

Da nun

$$L_1 = D_1\, \eta_0\, H_0 \quad \text{und} \quad l = d_1\, \eta_{k_0}\, H_0 ,$$

so wird

$$D_0 = \frac{L_1}{\eta_0 H_0}\left(1 + k_1 \frac{\eta_0}{\eta_{k_0}}\right) = D_1\left(1 + k_1 \frac{\eta_0}{\eta_{k_0}}\right) = f_1\, D_1 . \tag{29}$$

Der Ausdruck für die spezifischen Dampfverbräuche. Der spezifische Dampfverbrauch ergibt sich bei Betrieb ohne Hilfsturbine zu

$$G_{(-)1} = \frac{D_1}{N_{e_1}} . \tag{30}$$

Für die ganze Anlage, also einschließlich Hilfsturbine, beträgt der Dampfverbrauch

$$G_0 = G_{(+)1} = \frac{D_0}{N_{e_1}} = f_1\, G_{(-)1} . \tag{31}$$

Somit läßt sich der spezifische Mehrverbrauch darstellen als

$$\Delta G_1 = \frac{G_0}{G_{(-)1}} - 1 = f_1 - 1 \tag{32}$$

mit

$$f_1 = 1 + k_1 \frac{\eta_0}{\eta_{k_0}}. \tag{32 a}$$

Der Mehrverbrauch der Anlage mit Hilfsturbine gegenüber einer ideellen Anlage ohne Hilfsleistung kann also auch ausgedrückt werden durch

$$\Delta G_1 = k_1 \frac{\eta_0}{\eta_{k_0}} = \frac{d}{D_1} \tag{32 b}$$

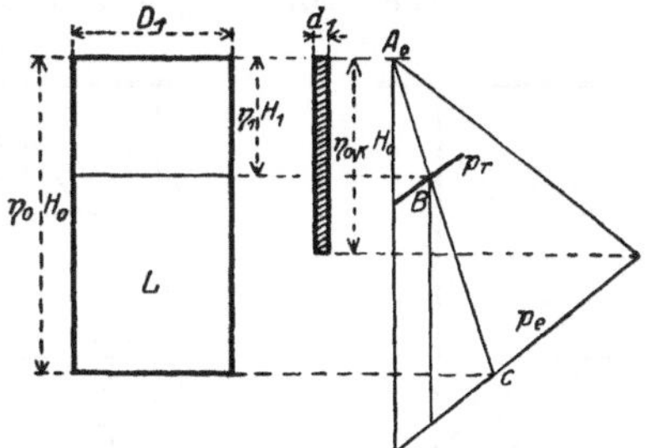

Abb. 17. Betriebsfall 1. Getrennter Betrieb der Haupt- u. Hilfsturbine. Mengen- und J-S-Diagramm.

Wird $\eta_{k_0} = \eta_0$, dann wird $f_1 = f_0 = 1 + k_1$ und der Mehrverbrauch am geringsten. In der Regel wird aber stets $\eta_{k_0} < \eta_0$ sein, da für die um vieles kleinere Leistung der Hilfsturbine aus Billigkeitsgründen keine hochwertige Turbine aufgestellt werden kann.

Eine Ausnahme bildet die Anlage, welche die zentrale Erfassung der Stromversorgung aller Hilfsantriebe durch einen Hausturbosatz vorsieht. Bei größeren Kraftwerken erhalten diese Turbosätze oft Leistungen von einigen 1000 kW, so daß dann der Unterschied zwischen dem Wirkungsgrad der Haupt- und Hilfsturbine nicht mehr bedeutend ist. Die Einleitung des Abdampfes der Hilfsturbinen in den Kondensator kommt in erster Linie dann in Frage, wenn die beim Anlassen der Hauptaggregate nötige Pumpenleistung auf keinem anderen Weg aufgebracht werden kann. Bei größeren Einheiten werden vielfach die Pumpensätze unterteilt, wodurch es möglich wird, den für eine mittlere Belastung der Hauptturbine bemessenen einen Pumpensatz elektromotorisch anzutreiben, während der 2. mittels Hilfsturbine versehene Satz zum Anfahren, zur Überlastung und als Reserve dient. Sind mehrere gleichartige Aggregate in einer Zentrale vorhanden, so kann eine weitere Reserve dadurch erhalten werden, daß die mit Umschaltvorrichtungen versehenen Pumpensätze wechselseitig auf die Kondensatoren arbeiten können. Die Abdampfleitungen der Hilfsturbinen werden mit Sicherheitsventilen und freier Abzugsmöglichkeit des Abdampfes bei erhöhtem Kondensatordruck ausgestattet.

Bei elektrischem Antrieb der Pumpen usw. haben wir folgende Fälle zu unterscheiden: (S. auch Abschnitt III, 2. Teil, S. 113.)

a) Antrieb mittels Motors von der Hauptsammelschiene. (Abb. 18b). Wird die Kondensation mittels Motor angetrieben, welcher seinen Strom vom Generator erhält, dann ist die Leistung n_e (= Kraftbedarf der Pumpen) auch noch vom Hauptgenerator aufzubringen. Die Hauptturbinenleistung N wird sich um ein geringes erhöhen, und es kann die Annahme getroffen werden, daß sich der Wirkungsgrad η_0 der Hauptturbine nicht ändert. Berücksichtigt man die Übertragungsverluste und den Motorwirkungsgrad, so beträgt die vom Hauptgenerator aufzuwendende Leistung

$$\text{Nutzleistung } N_{e_1} + \text{Hilfsleistung } \frac{n_e}{\eta_{\text{mot}}} (= N_{e1} + n_e') .$$

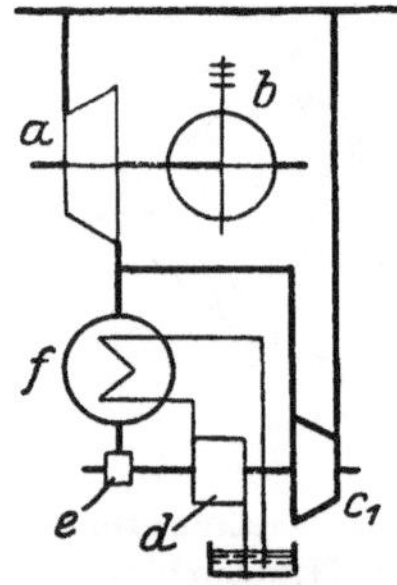

Abb. 18a. Schematische Darstellung des Antriebes der Hilfsmaschinen mittels Hilfsturbine.

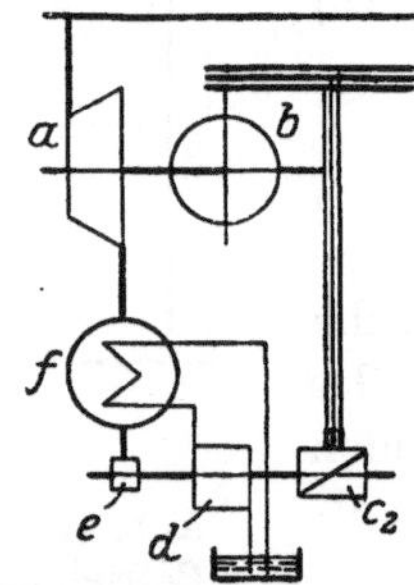

Abb. 18b. Schematische Darstellung des Antriebes der Hilfsmaschinen mittelsMotors mit Strom von der Hauptsammelschiene.

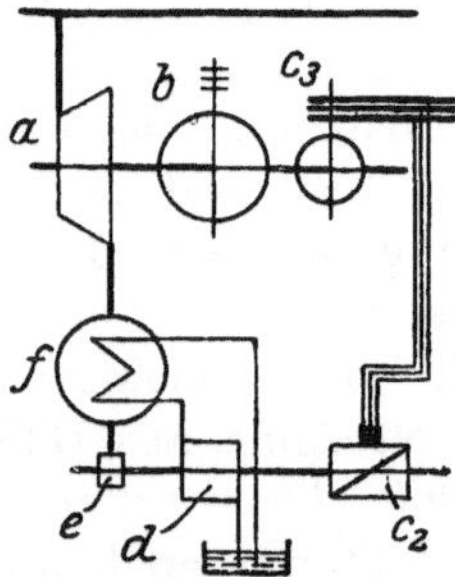

Abb. 18c. Schematische Darstellung des Antriebes der Hilfsmaschinen durch Strom von einem Hausgenerator in Tandemanordnung.

a Hauptturbine, b Generator, c_1 Hilfsturbine. c_2 Motor, c_3 Hausgenerator, d, d_1 Kühlwasserpumpe, e, e_1 Kondensatpumpen, f Hauptkondensator, f_1 Hilfskondensator.

Es ist also der Turbine eine erhöhte Dampfmenge zuzuführen, und zwar

$$D_1' \backsim D_1 \left[\frac{N_{e_1} + n_e'}{N_{e_1}}\right] = D_1 (1 + k_{e_1}') .$$

Der auf die Nutzleistung bezogene Dampfverbrauch ist somit

$$G_{(+)1}' = G_{(-)1} \cdot (1 + k_{e_1}') . \tag{30a}$$

Nehmen wir den Wirkungsgrad des Hauptgenerators mit η_g an, so kann auch k_{e_1}' durch k_1 ausgedrückt werden

$$k_{e_1}' = \left(\frac{\eta_m'}{\eta_g\, \eta_m}\right) \cdot \frac{1}{\eta_{\text{mot}}} \cdot k_1 = \frac{1}{\eta_{\text{mot}}} k_{e_1} , \tag{30b}$$

so daß für (30a) geschrieben werden kann mit $G_{(-)1} \backsim G'_{(-)1}$

$$G_{(+)1}' = G_{(-)1}' \cdot \left(1 + \frac{\eta_m'}{\eta_g\, \eta_m} \cdot \frac{1}{\eta_{\text{mot}}} \cdot k_1\right) \tag{30c}$$

und für

$$\Delta G_1' = \left(\frac{\eta_m'}{\eta_g\,\eta_m}\right) \cdot \frac{1}{\eta_{\mathrm{mot}}} \cdot k_1 = k_{e_1}' = \sigma_1' k_1\,, \tag{33}$$

welchem Wert bei Hilfsturbinenbetrieb der Ausdruck nach Gleichung (32b) gegenübersteht. Abgekürzt kann diese auch geschrieben werden

$$\Delta G_1 = \frac{\eta_0}{\eta_{k_0}} k_1 = \sigma_1 k_1\,. \tag{32 b}$$

Die Ausdrücke (33) bzw. (32b) geben den Mehrverbrauch der Anlage gegenüber dem ideellen Betrieb mit Hilfsleistung $n = 0$ an.

Im allgemeinen wird $\sigma_1 > \sigma_1'$ sein, und insbesondere bei kleinen Anlagen der elektrische Antrieb auf Dampfmenge bezogen, günstiger sein. Gleichheit tritt dann ein, wenn $\sigma_1' = \sigma_1$, d. h. es müßte

$$\frac{\eta_m'}{\eta_g\,\eta_m} \cdot \frac{1}{\eta_{\mathrm{mot}}} = \frac{\eta_0}{\eta_{k_0}} \tag{34}$$

sein.

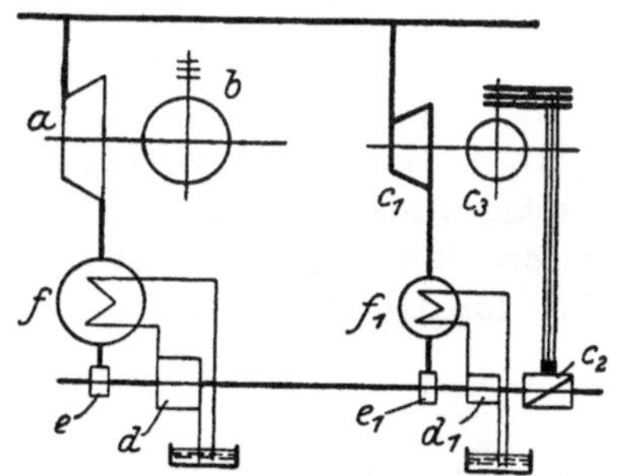

Abb. 18 d. Schematische Darstellung des Antriebes der Hilfsmaschinen durch Strom von einem Hausturbosatz.

b) Haupt- und Hausgenerator in Tandemanordnung (Abb. 18c). Bei großen Anlagen wird auch der für den Eigenbedarf der Zentrale nötige Strom in einem eigenen Generator (Hausgenerator) erzeugt, welcher hinter dem Hauptgenerator von der Hauptturbine angetrieben wird. Diese Anordnung findet man häufig in amerikanischen Kraftwerken[1]). Für diesen Fall können sinngemäß obige Formeln verwandt werden, indem bei Berechnung der Turbinenmehrleistung der Unterschied der Wirkungsgrade des Haupt- und Hilfs-(Haus-) Generators η_g und η_g' beachtet werden muß. In Gleichung (33) und (34) tritt an Stelle von $\eta_g\,\eta_g'$. Es ist also:

$$\Delta G_1'' = k_{e_1}'' = \left(\frac{\eta_m'}{\eta_g'\,\eta_m}\right) \frac{1}{\eta_{\mathrm{mot}}} k_1 = \frac{\eta_g}{\eta_g'} k_{e_1}'\,. \tag{33 a}$$

c) Hausturbosatz (Abb. 18d). Schließlich ist der elektrische Antrieb auch möglich durch Aufstellung einer sog. Hausturbine, welche einen eigenen Generator antreibt, der den Strom für die zum Eigenbedarf des Werkes gehörenden Motore liefert. Diese Anordnung ist

---

[1]) Siehe z. B. Miami Fort Power Station. Power, 30. Dez. 1924; Peoria Plant der Illin. El. P. Co.; Seal Beach Station. Power, 2. Juni 1925.

ebenfalls vielfach in amerikanischen Anlagen zu finden[1]) und stellt insbesondere mit der noch später besprochenen Abwärmeverwertung verbunden, eine sehr einfache und günstige Lösung des Hilfsmaschinenantriebs auf Großkraftwerken vor. In manchen Anlagen ist in diesem Hausturbosatz die Reserve gelegt, so daß im normalen Betrieb der Strom für die Hilfsmaschinen der Hauptsammelschiene entnommen wird.

Für die Berechnung des Mehrverbrauches, welcher durch den Betrieb der Hausturbine entsteht, bezogen auf die Nutzleistung des Hauptgenerators N_{e_1}, sind grundsätzlich Gleichungen (31—32b) zu verwenden. Es ist zu beachten, daß die Hausturbinenleistung n um die Verluste des Hausgenerators vergrößert werden muß, so daß an Stelle von n

$$n'' = \frac{n}{\eta_g' \, \eta_{\text{mot}}}$$

tritt, worin η_g' der Wirkungsgrad des Hausgenerators bedeutet. Bei großen Anlagen wird aber $\eta_g' \backsim \eta_g$ sein, so daß $n'' \backsim n'$ wird. Es wird ferner dann $\eta_0 \backsim \eta_{k_0}$ gesetzt werden können und es ergibt sich schließlich für den Mehrverbrauch der Ausdruck

$$\varDelta G_1''' = k_{e_1}''' \backsim k_{e_1}' = \frac{k_1}{\eta_g' \, \eta_{\text{mot}}} \tag{33b}$$

gegenüber dem genauen Ausdruck

$$\varDelta G_1''' = \left(\frac{\eta_0}{\eta_{k_0}}\right) \cdot \frac{1}{\eta_g'} \cdot \frac{1}{\eta_{\text{mot}}} \, k_1 = \left(\frac{\eta_0}{\eta_{k_0}}\right) \cdot \left(\frac{\eta_g}{\eta_g'}\right) \cdot \left(\frac{\eta_m}{\eta_m'}\right) \cdot k_{e_1}' . \tag{33c}$$

Im folgenden soll an Hand eines Beispiels ein zahlenmäßiger Überblick über die einzelnen Werte gegeben werden.

Beispiel 1. Die Kleinanlage bestehe aus einer 1000 kW Frischdampf-Kondensationsturbine, welche einen Dampfverbrauch von 5,0 kg/kWh haben soll. Ihre Kondensation werde einmal durch eine Hilfsturbine angetrieben, deren Leistung etwa 35,5 PS_e betrage, im anderen Fall elektrisch angetrieben.

Unter Annahme eines Generatorwirkungsgrades von 0,93, eines mechanischen Hauptturbinenwirkungsgrades $\eta_m = 0{,}98$ und eines mechanischen Hilfsturbinenwirkungsgrades $\eta_m' = 0{,}95$ ergibt sich ein $k_1 = 0{,}025$.

Der Mehrverbrauch an Dampf bei Betrieb mit Hilfsturbine beträgt nach (32b)

$$\varDelta G_1 = k_1 \frac{\eta_0}{\eta_{k_0}} .$$

---

[1]) Siehe z. B. High Bridge Station. Power, 23. Dez. 1924; Hudson Avenue Power Station. The Electr. Journ., 25. April, Nr. 4; Toronto Plant Co. Power, 21. Okt. 1924; Riverside Station der Light & Power Co. Power, 13. Jan. 1925.

In unserem Fall sei $\eta_0 = 76$ vH, $\eta_{k_0} = 50$ vH, so daß sich also

$$\varDelta G_1 = 0{,}025 \frac{0{,}76}{0{,}50} = 0{,}038$$

ergibt. Der Betrieb mit einfacher Hilfsturbine wird also 3,8 vH mehr Dampf erfordern als ein ideeller Betrieb mit der Hilfsleistung $n_e = 0$.

Würden wir durch konstruktive Verbesserungen den thermodynamischen Wirkungsgrad der Hilfsturbine η_{k_0} von 50% auf 60% bringen, was z. B. durch Einbau eines Getriebes gelingen könnte, so würde sich ein Mehrverbrauch von 3,16 vH ergeben, also um

$$\delta G_1 = k_1 \eta_0 \left(\frac{1}{\eta_{k_0}} - \frac{1}{\eta'_{k_0}}\right) = 0{,}64 \text{ vH}$$

weniger gegenüber der ersten billigeren Turbine. Ändern wir auch noch den thermodynamischen Wirkungsgrad der Hauptturbine, so entsteht Abb. 19, in welcher für konstantes Verhältnis $k_1 = 0{,}025$ und für $\eta_0 = 0{,}70$, 0,76 und 0,82 die $\varDelta G_1$-Werte über η_{k_0} aufgetragen sind.

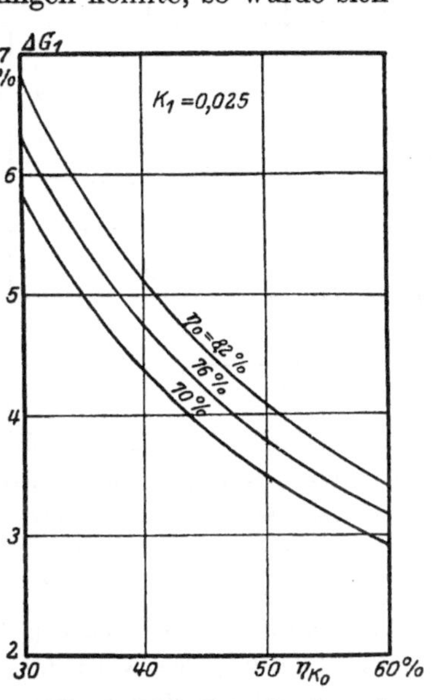

Abb. 19. Mehrdampfverbrauch des Betriebsfalles für verschiedene Haupt- und Hilfsturbinenwirkungsgrade.

Der Verbesserung des thermodynamischen Wirkungsgrades der Hilfsturbine steht ein Mehraufwand an Anlagekapital gegenüber, welcher verzinst werden muß. Rechnen wir mit einem Dampfpreis von etwa 4 Mark pro Tonne, so wird sich die jährliche Ersparnis je kW aus der Verbesserung bei x_1 Jahresstunden zu

$$E = \frac{4}{1000} \cdot x_1 \, \delta G_1 \cdot G_{(-)}$$

errechnen lassen. Legen wir mittlere Verhältnisse zugrunde, so kann unter der Annahme, daß die Verbesserung von η_{k_0} von der Leistung unabhängig[1]) ist, aus Abb. 19a entnommen werden, in wieviel Jahresstunden die Ersparnis E den 5. Teil des Kapitalmehraufwandes erreicht. (Kurve x_1.) Die Betriebe müssen also, um wirtschaftlich zu sein, eine Mindestbetriebszeit x_1 haben.

Der elektrische Antrieb der Kondensation erfordert eine Mehrleistung des Hauptgenerators um $\frac{n_e}{\eta_{\text{mot}}}$ kW. Wir nehmen in unserem vorigen

[1]) In Abb. 19a ist für $\frac{1}{\eta_{k_0}} - \frac{1}{\eta'_{k_0}}$ 0,33 eingesetzt worden.

Beispiel $\eta_{\text{mot}} = 0{,}9$ an, so daß sich mit den übrigen Daten ein $k'_{e_1} = \frac{n_e}{\eta_{\text{mot}} N_e} = 0{,}029$ ergibt. Nach Gleichung (33) ist $\Delta G'_1 = k'_{e_1}$, daher beträgt der Mehrverbrauch 2,9 vH. Der elektrische Antrieb ist also um $\delta G_1 = 0{,}038 - 0{,}029 = 0{,}009$ oder um 0,9 vH besser als ein Antrieb mit billiger Hilfsturbine. Selbst die oben angeführte Verbesserung durch Einbau eines Getriebes und Verringerung des Mehrverbrauches auf 3,16 vH reicht nicht aus. Es müßte schon $\sigma_1 \geqq \sigma'_1$ werden, oder

$$\frac{\eta_0}{\eta_{k_0}} \geqq \frac{\eta'_m}{\eta_m} \cdot \frac{1}{\eta_g} \cdot \frac{1}{\eta_{\text{mot}}} = 1{,}16\,,$$

d. h. η_{k_0} müßte den Wert von 65,5 vH erreichen bzw. überschreiten, um einen Gewinn zu erzielen.

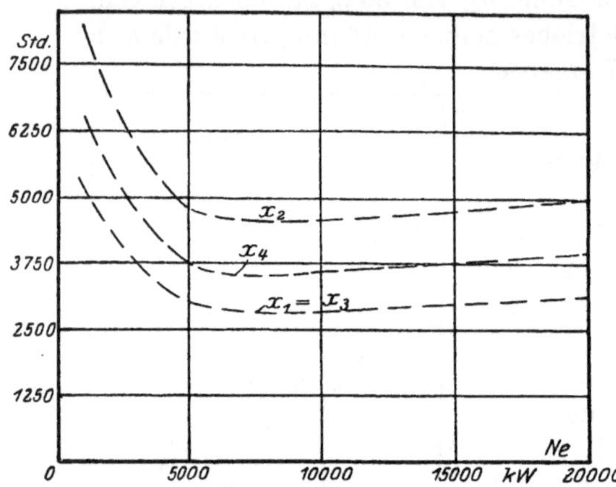

Abb. 19 a. Mindest-Betriebszeiten der Hilfsturbinenschaltungen I—IV für mittlere Verhältnisse. (Dampfpreis 4 M./t, Abschreibung, Verzinsung usw. insgesamt 20 vH.)

Beispiel 2. Bei einem Großkraftwerk sei die Versorgung aller Hilfsmaschinen mit Strom in der Weise vorgesehen, daß ein an die Hauptwelle gekuppelter Hilfsgenerator den Strom liefert. Es betrage:

$N_{e_1} = 40\,000$ kW die Leistung der Hauptmaschine,
$n_e = 2\,550$ „ der Kraftbedarf der Hilfsmaschinen,
$\eta_g = 95$ vH der Wirkungsgrad des Hauptgenerators,
$\eta'_g = 93$ vH „ „ „ Hausgenerators,
$\eta_{\text{mot}} = 0{,}90$ der Motorenwirkungsgrad, wobei angenommen sein möge, daß die einzelnen für den Betrieb notwendigen Motoren in einem einzigen großen Motor zusammengefaßt gedacht sind.

Der Mehrverbrauch ergibt sich zu (33a)

$$\Delta G''_1 = k''_{e_1} = \frac{\eta_g}{\eta'_g} \cdot k'_{e_1} = \frac{0{,}95}{0{,}93} \cdot \frac{2550}{0{,}90 \cdot 40\,000} = 0{,}0725\,.$$

Der günstigste Wert könnte erzielt werden, wenn, wie im vorigen Beispiel, auch der Hauptgenerator die Hilfsleistung übernimmt. Dann ist $\eta_g = \eta'_g$, so daß $k''_{e_1} = k'_{e_1} = 0{,}071$ wird. Aus Gründen der Betriebssicherheit wird aber die Anordnung eines eigenen Hausgenerators vorzuziehen sein. (S. auch S. 113.)

Beispiel 3. Die Betriebssicherheit kann noch weiter gesteigert werden, wenn der Hausgenerator seine eigene Turbine erhält. Der Mehrverbrauch gegenüber dem idealen Betrieb ohne Eigenbedarf ist dann nach Gleichung (33c)

$$\varDelta G_1''' = \frac{\eta_0}{\eta_{k_0}} \cdot \frac{1}{\eta_g'} \cdot \frac{1}{\eta_{\text{mot}}} k_1 = \frac{\eta_0}{\eta_{k_0}} \cdot \frac{\eta_g}{\eta_g'} \cdot \frac{\eta_m}{\eta_m'} \cdot k_{e_1}'$$

$$= \frac{0{,}82 \cdot 0{,}95 \cdot 0{,}99}{0{,}78 \cdot 0{,}93 \cdot 0{,}98} \cdot \frac{2550}{0{,}9 \cdot 40\,000} = 0{,}0771\,,$$

Hierin ist

$$\begin{matrix} \eta_o = 0{,}82 & \text{und} & \eta_{k_0} = 0{,}78 \\ \eta_m = 0{,}99 & & \eta_m' = 0{,}98 \end{matrix}$$

gesetzt. Es muß somit eine kleine Dampfverbrauchsverschlechterung von rd. 0,5 vH in Kauf genommen werden. Hierbei ist schon angenommen, daß der Hilfsturbinenwirkungsgrad von 78 vH das erreichbare Maximum vorstellt.

2. Fall II: Einleitung des Abdampfes der Hilfsturbine in eine Stufe der Hauptturbine.

Bezeichnungen. Es kommen hier noch hinzu (Abb. 20):

η_1, η_2 die inneren Teilwirkungsgrade der Hauptturbine A,
η_k der innere Wirkungsgrad der Hilfsturbine B, bezogen auf das Gefälle H_1,
D_2 das in die Hauptturbine eintretende Dampfgewicht,
d_2 das Dampfgewicht der Hilfsturbine beim Arbeiten auf die Hauptturbine,
D_{o_2} die Kesseldampfmenge $= D_2 + d_2 =$ Kondensatdampfmenge.

$$\varepsilon_2 = \frac{d_2}{D_2 + d_2} = \frac{d_2}{D_{o_2}}.$$

Der Ausdruck für die Gesamtdampfmenge. Der Dampf der Hilfsturbine werde beim Druck p_r eingeführt. Damit die gleiche Druckverteilung in der Hauptturbine wie im 1. Falle eintritt, müssen die in den ND-Teil abströmenden Dampfmengen gleich gesetzt werden. Es ist also $D_{o_2} = D_1$, d. h. die in den Kondensator eintretenden Dampfgewichte sind gleich, woraus weiter gefolgert werden kann, daß beim Vergleich die Luftleere unverändert bleibt. Es sind somit auch die Gefällshöhen der Turbine A in beiden Fällen (bei Betrieb ohne und bei Betrieb mit Hilfsturbine) identisch.

Da das Gewicht d_2 im Hochdruckteil von A fehlt, wird nur eine kleinere Leistung L_2' in der Hauptturbine erzielt. Es ist angenähert

$$L_2' = D_1 \eta_0 H_0 - d_2 \eta_1 H_1\,,$$

da nach früherem

$$L_1 = D_1 \eta_0 H_0\,, \tag{35}$$

und

$$l = d_2 \eta_k H_1\,, \quad \frac{l}{L_1} = k_1\,,$$

wird auch

$$L_2' = D_1 (\eta_0 H_0 - \varepsilon_2 \eta_1 H_1)\,, \tag{35a}$$

worin $\varepsilon_2 = \frac{d_2}{D_1}$ gesetzt ist. Bezeichnen wir mit f_2' das Leistungsverhältnis $\frac{L_1}{L_2'} = \frac{N_{e_1}}{N_{e_2}'}$, so wird in erster Näherung

$$\frac{1}{f_2'} = 1 - \varepsilon_2 \frac{\eta_1 H_1}{\eta_0 H_0} \text{ [1]}.$$

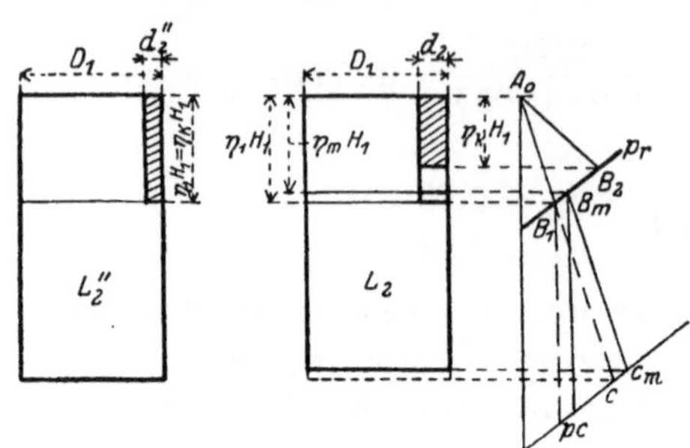

Abb. 20 a und b. Betriebsfall II. Einleitung des Hilfsturbinenabdampfes in die Hauptturbine. (Mengen- und J-S-Diagramm.)

Da aber auch andererseits

$$L_2' = L_1 \left(1 - k_1 \frac{\eta_1}{\eta_k}\right), \quad (35\text{b})$$

so wird auch

$$\frac{1}{f_2'} = 1 - k_1 \frac{\eta_1}{\eta_k}. \quad (36\text{a})$$

Setzt man $\frac{l}{L_2'} = k_2'$ ein, so wird

$$f_2' = 1 + k_2' \frac{\eta_1}{\eta_k}. \quad (36\text{b})$$

Infolge der Gleichheit der in den Kondensator eintretenden Dampfmengen tritt im Falle der auf die Hauptturbine arbeitenden Hilfsturbine eine Leistungsabnahme der ersteren ein, deren anteiliger Betrag in erster Annäherung zu $100\left(1 - \frac{1}{f_2'}\right)$ angesetzt werden kann.

Der Ausdruck für die spezifischen Dampfverbrauche. Der spezifische Dampfverbrauch für den getrennten Betrieb war nach Gleichung (30)

$$G_{(-)1} = \frac{D_1}{N_{e_1}}.$$

Bei eingeschalteter Hilfsturbine erhöht sich dieser Verbrauch auf $G_{(+)2}$ bei gleicher Kondensationsdampfmenge. Für die kleinere Leistung N_{e_2} beträgt der Verbrauch

$$G_{(+)2} = \frac{D_1}{N_{e_2}},$$

somit ist auch

$$G_{(+)2} \backsim G'_{(+)2} = \frac{N_{e_1}}{N_{e_2}} G_{(-)1} = f_2 G_{(-)1} \quad (37)$$

als erste Annäherung brauchbar.

[1]) Siehe auch Verf.: Z. ges. Turb.wes. 1919, S. 368. R. Oldenbourg, München. Ferner: F. Ebel, Essen in: Glückauf, 61, Nr. 9: „Beitrag zur Frage des Kondensationsantriebes bei Dampfturbinen."

Bei Turbinen mit gerader Kennlinie (also ohne wesentliche Überlastungseinrichtung) befolgt $G_{(-)}$ das Gesetz

$$G_{(-)} = \alpha(1 + \nu)$$

mit α als Konstante und $\nu = \frac{N_o}{N_e}$ (N_o Leerlaufsarbeit). Es kann somit in (37) an Stelle von $G_{(-)1}$ der auf die Leistung N_{e_2} sich beziehende Wert $G_{(-)2}$ gesetzt werden, indem

$$G_{-(1)} = \frac{(f_2 + \nu_2)}{(1 + \nu_2)} \cdot \frac{1}{f_2} G_{(-)2} \tag{37a}$$

mit $f_2 = \frac{N_{e_1}}{N_{e_2}}$ und $\nu_2 = \frac{N_o}{N_{e_2}}$.

Es ist also:

$$G_{(+)2} = \frac{(f_2 + \nu_2)}{(1 + \nu_2)} \cdot G_{(-)2} \tag{37b}$$

und der spezifische Mehrverbrauch $\varDelta G_2$ gegenüber einer Anlage mit der Hilfsturbinenleistung $n_e = 0$

$$\varDelta G_2 = \frac{G_{(+)2}}{G_{(-)2}} - 1 = \frac{(f_2 - 1)}{(1 + \nu_2)}. \tag{37c}$$

Als Näherungswert erhalten wir

$$\varDelta G_2' = \frac{k_2'}{1 + \nu_2'} \cdot \left(\frac{\eta_1}{\eta_k}\right) \tag{37d}$$

für Werte von $\left(\frac{\eta_1}{\eta_k}\right)$ in der Nähe von 1.

In den Formeln für f war der Einfluß der rückgewonnenen Wärme unberücksichtigt geblieben. Dieser Einfluß würde dann Null werden, wenn der Wirkungsgrad $\eta_1 = \eta_k$ ist. In diesem Fall wird $f_2'' = 1 + k_2''$. Da aber in der Regel η_k von η_1 stark verschieden ist, muß der Einfluß der rückgewonnenen Wärme berücksichtigt werden. Die Formeln erfahren daher eine Berichtigung, die unter Anlehnung an eine Arbeit Forners[1]) hier in etwas geänderter Form wiederholt werden möge (Abb. 20a und b).

Bei Zuschaltung der Hilfsturbine B auf die Hauptturbine A expandiert nur $D_2 = D_1 - d_2$ kg/st mit dem Wirkungsgrad η_1. Die anfallende Hilfsdampfmenge im Betrage von d_2 kg/st hat in der Hilfsturbine eine Expansion mit η_k erfahren, wobei $\eta_k < \eta_1$ sein soll. Die verschiedenen Dampfströme mischen sich im Raum mit dem Druck p_r,

[1]) Dr.-Ing. G. Forner: Der Einfluß der rückgewinnbaren Verlustwärme des Hochdruckteiles auf den Dampfverbrauch der Dampfturbinen. Berlin: J. Springer 1922.

so daß sich ein Mischwirkungsgrad η_m ergeben wird. Es ist also bei konstanter Dampfmenge D_1

$$D_1 \eta_m = D_2 \eta_1 + d_2 \eta_k$$

und

$$\Delta \eta_1 = \frac{\eta_m - \eta_1}{\eta_1} = -\frac{d_2}{D_1}\left(\frac{\eta_1 - \eta_k}{\eta_1}\right) \tag{38}$$

die Änderung des Hochdruckwirkungsgrades. Aus den Expansionsendpunkten $B_1\, B_2$ entsteht so der Mischpunkt B_m, welcher in Abb. 20b im J-S-Diagramm dargestellt ist. Infolge gleicher Dampfmenge bleibt der Druck p_r bestehen und es kann für $\Delta \eta_1$ die Änderung des Leistungsanteils $\lambda_1 = \frac{H_1 \eta_1}{H_0 \eta_0}$, also $\Delta \lambda_1$ gesetzt werden. Da ferner

$$\frac{d_2}{D_1} = \frac{\eta_0 H_0}{\eta_k H_1} \cdot \frac{l}{L_1} = \frac{k_1}{\lambda_1} \cdot \frac{\eta_1}{\eta_k} \tag{39}$$

wird aus $\Delta \eta_1$ die Form

$$\Delta \eta_1 = \Delta \lambda_1 = -\frac{k_1}{\lambda_1} \frac{(\eta_1 - \eta_k)}{\eta_k}. \tag{38 a}$$

Wird $\eta_1 = \eta_k$, so verschwindet $\Delta \lambda_1$ und die Leistung wird in diesem Falle N''_{e_2} bzw. L''_2 und der Dampfverbrauch bei Einschaltung der Hilfsturbine

$$G''_{(+)2} = \frac{D_1}{N''_{e_2}} = \frac{G_{(-)1}}{(1 - k_1)}, \tag{40}$$

wobei sich $G''_{(+)2}$ auf die Leistung N''_{e_2} und $G_{(-)1}$ auf die Leistung N_{e_1} bezieht (Abb. 20a).

Andererseits wird auch mit Gl. (36b) und (37b)

$$G''_{(+)2} = \left(\frac{1 + k''_2 + \nu''_2}{1 + \nu''_2}\right) G''_{(-)2}, \tag{40 a}$$

wenn mit $k''_2 = \frac{l}{L''_2}$ bezeichnet wird. Es wird dann exakt $L''_2 = L_1 - l$. $G''_{(+)2}$ und $G''_{(-)2}$ beziehen sich auf die gleiche Leistung N''_{e_2}. Es ist $k''_2 = \frac{k_1}{1 - k_1}$.

Es ist nun infolge der rückgewinnbaren Wärme, die sich gemäß Abb. 20b darin äußert, daß der Expansionsverlauf bei dem Druck p_r eine Stufe aufweist, die Entropie somit einen kleinen Zuwachs erfährt, die den Beginn der ND-Expansion höher legt, der tatsächliche Dampfverbrauch $G_{(+)2}$ bei eingeschalteter Hilfsturbine. Bei gleicher Dampfmenge ergäbe sich eine dritte Leistung, die wir gleich N_{e_2} setzen wollen, und welche etwas größer als N''_{e_2} ist. Forner ermittelt auf Grund von Untersuchungen

$$\overline{\Delta G_2} = -\Delta \lambda_1 \lambda_1^{\frac{4}{3}}, \tag{41}$$

worin

$$\overline{\Delta G_2} = \frac{G_{(+)2}}{G''_{(+)2}} - 1. \tag{41 a}$$

Der tatsächliche Dampfverbrauch $G_{(+)2}$ ist etwas kleiner als der Dampfverbrauch $G'_{(+)2}$.

Setzen wir die obigen Werte der Reihe nach ein, so erhalten wir schließlich, analog wie Forner in der erwähnten Abhandlung angibt,

$$\varDelta G_2 = \frac{G_{(+)2}}{G_{(-)2}} - 1 = \frac{k_2}{1+\nu_2}\left(1 + \frac{\eta_1 - \eta_k}{\eta_k}\sqrt[3]{\lambda_1}\right)^{1)}. \qquad (42)$$

Mit der Gleichung (42) ist für ein $k_2 = 0{,}025$ für verschiedene η_1 und η_k mit $\lambda_1 = 0{,}25$ die Abb. 21 entworfen.

Um den Einfluß eines besseren Hilfsturbinenwirkungsgrades η_k zu studieren, bilden wir wieder die Differenz

$$\delta G_2 = \varDelta G_2 - \varDelta G_2' = \frac{k_2}{1+\nu_2}\,\eta_1\left(\frac{1}{\eta_k} - \frac{1}{\eta_k'}\right)\sqrt[3]{\lambda_1},$$

worin angenommen ist, daß es durch konstruktive Maßnahmen gelänge, den Wirkungsgrad η_k in η_k' zu verbessern. In Abb. 19a ist die Stundenzahl x_2 eingetragen, in welcher der durch diese Verbesserung bedingte Kapitalsmehraufwand bei 20 vH Abschreibung verzinst ist. Der Kurve liegen mittlere Verhältnisse zugrunde und eine konstante Verhältnisdifferenz $\frac{1}{\eta_k} - \frac{1}{\eta_k'} = 0{,}33$. Ferner ist $\lambda_1 = 0{,}25$, sowie wieder ein Dampfpreis von 4 Mark pro Tonne angenommen. Man ersieht aus der Kurve, die infolge obiger Annahmen parallel zur Kurve x_1 läuft, daß eine bestimmte Leistungsgröße die geringste Stundenzahl zur Amortisation benötigt, die Wirtschaftlichkeit der vorgenommenen Verbesserung wird dort daher am größten sein.

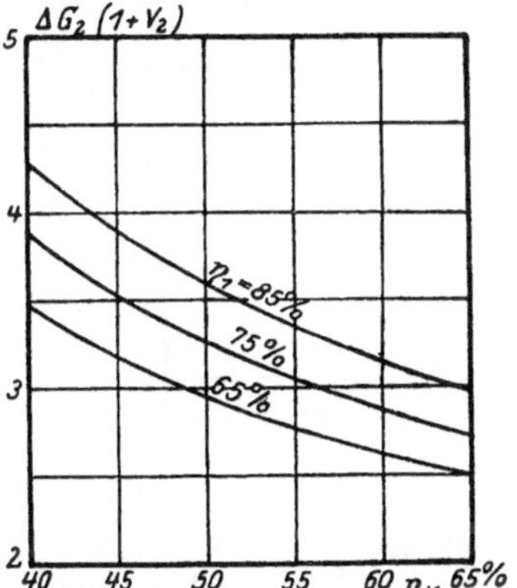

Abb. 21. Mehrdampfverbrauch des Betriebsfalles II bei verschiedenen Haupt- und Hilfsturbinenwirkungsgraden.

3. Fall III: Betrieb der Hilfsturbine mit Anzapfdampf aus der Hauptturbine und Einleitung des Abdampfes in den Kondensator.

Dieser Fall ist in Abb. 15 dargestellt. Es sollen nun wieder die Verhältnisse bei der Vollast $L_1 = 632\,N_1$ untersucht werden. Um die gleichen Druckgefälle zu erhalten, ist wieder darauf zu achten, daß auf konstante Dampfmenge im Kondensator verglichen wird.

---

[1]) Der genaue Wert von $\varDelta G_2$ ergibt sich aus der Gleichung

$$\varphi_2^2 + \varphi_2(1 - k_2) - k_2\left(1 + \frac{\eta_1 - \eta_k}{\eta_k}\sqrt[3]{\lambda_1}\right) = 0 \qquad (42\,\text{a})$$

mit $\varphi_2 = (1+\nu_2)\,\varDelta G_2$. Der Ausdruck (42) entsteht durch Vernachlässigung von φ_2^2 und $\varphi_2 \cdot k_2$.

Bezeichnungen. Gemäß Abb. 22 bedeute:

η_1, η_2 die inneren Teilwirkungsgrade der Hauptturbine,
η_k den Wirkungsgrad der Hilfsturbine bei Betrieb mit Entnahmedampf,
D_3 das durch die Düsen der Hauptturbine fließende Dampfgewicht in kg/st,
d_3 das für die Hilfsturbinenleistung l bzw. n nötige Dampfgewicht in kg/st,
D_1 das im Kondensator erscheinende Dampfgewicht in kg/st,
$\varepsilon_3 = \frac{d_3}{D_1}$.

Der Ausdruck für die Gesamtdampfmenge. Es ist hier

$$D_3 = D_1 + d_3 = \text{gesamter Kesseldampf}. \tag{43}$$

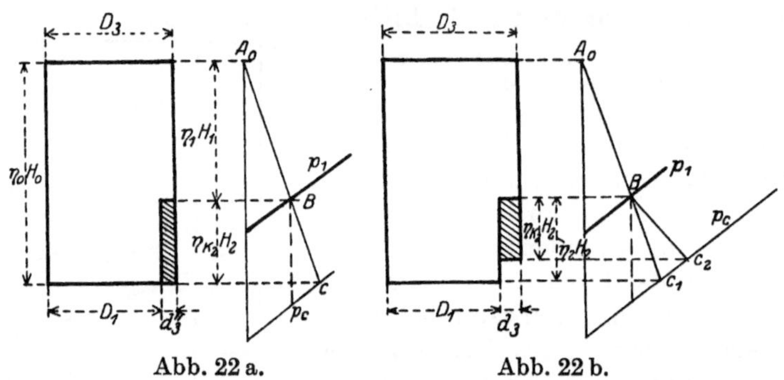

Abb. 22 a. Abb. 22 b.

Abb. 22 a und b. Betriebsfall III. Betrieb der Hilfsturbine durch Anzapfdampf aus der Hauptturbine und Einleitung des Abdampfes in den Kondensator. (Mengen- und J-S-Diagramme.)

Da im Hochdruckteil der Turbine A um d_3 kg/st mehr arbeiten als im Falle des getrennten Betriebes, so entsteht jetzt eine etwas größere Leistung L_3 bzw. N_{e_3}. Und zwar ist

$$L_3 = D_3 \eta_1 H_1 + D_1 \eta_2 H_2 = D_1 \eta_0 H_0 + d_3 \eta_1 H_1 \tag{44}$$

und da wieder

$$L_1 = D_1 \eta_0 H_0, \qquad l = d_3 \eta_k H_2$$

ist, wird das Leistungsverhältnis

$$\frac{L_3}{L_1} = \frac{1}{f_3} = 1 + \varepsilon_3 \frac{\eta_1 H_1}{\eta_0 H_0}. \tag{45}$$

Da wieder

$$\frac{l}{L_1} = k_1$$

ist, so kann für $\frac{1}{f_3}$ auch geschrieben werden

$$\frac{1}{f_3} = 1 + k_1 \frac{\eta_1 H_1}{\eta_k H_2}. \tag{46}$$

Da bei der Anzapfung die Erscheinung der rückgewinnbaren Wärme nicht auftritt, gelten diese Gleichungen streng genau.

Der Ausdruck für die spezifischen Dampfverbrauche. Ähnlich wie auf S. 52 ist hier wieder der Verbrauch bei getrenntem Betrieb bei der Leistung L_1 bzw. N_{e_1}

$$G_{(-)1} = \frac{D_1}{N_{e_1}} \tag{30}$$

und bei eingeschalteter Hilfsturbine nach Abb. 22a, aber für eine Leistung N_{e_3}

$$G_{(+)3} = \frac{D_3}{N_{e_3}}, \tag{47}$$

und es wird

$$G_{(+)3} = f_3 \frac{D_3}{N_{e_1}} = f_3 \frac{D_3}{D_1} G_{(-)1}. \tag{48}$$

Da $G_{(-)1} = \dfrac{1 + \dfrac{\nu_3}{f_3}}{1 + \nu_3} G_{(-)3}$ für die Leistung L_3, so ist mit einiger Annäherung auch

$$G_{(+)3} = \frac{(f_3 + \nu_3)}{(1 + \nu_3)} \frac{D_3}{D_1} G_{(-)3}; \tag{49}$$

$$\varDelta G_3 = \frac{G_{(+)3}}{G_{(-)3}} - 1 = \frac{(f_3 + \nu_3)}{(1 + \nu_3)} \cdot (1 + \varepsilon_3) - 1. \tag{50}$$

Da dann besser das Verhältnis $\dfrac{l}{L_3} = k_3$ verwandt wird, so entsteht für f_3 eine neue Form

$$f_3 = 1 - k_3 \frac{\eta_1 H_1}{\eta_k H_2}$$

und für $\varphi_3 = (1 + \nu_3) \varDelta G_3$

$$\varphi_3 = k_3 \left(\frac{\eta_2}{\eta_k} + \frac{\nu_3 \eta_0 H_0}{\eta_k H_2 - k_3 \eta_1 H_1}\right). \tag{51}$$

Als erste Näherung kann gesetzt werden

$$\nu_3 = 0. \tag{52}$$

Es wird also auch

$$\varDelta G_3 = k_3 \frac{\eta_2}{\eta_k}. \tag{52 a}$$

Der günstigste Fall wird offenbar dann eintreten, wenn $\eta_k = \eta_2$ wird. Dann ist der Mehrverbrauch

$$\varDelta G_{\min 3} = \frac{G_{(+)3}}{G_{(-)3}} - 1 = k_3. \tag{53}$$

Gleichung (52a) hat einen ähnlichen Aufbau wie Gleichung (32b) auf S. 53, indem der Wirkungsgrad η_{0k} durch η_k, η_0 durch η_2 und k_1 durch k_3 ersetzt zu denken ist. Sinngemäß kann daher auch Abb. 19 zur Beurteilung dieser Schaltungsart herangezogen werden. Bei gleichen Anlagekosten für die Hilfsturbine werden aber bedeutend günstigere Wirkungsgrade η_k zu erzielen sein, so daß diese Schaltung auf jeden Fall wirtschaftlicher als die getrennte Betriebsweise sein wird.

Eine Verbesserung des Wirkungsgrades der Hilfsturbine von η_k in η'_k ergibt eine Verringerung des Mehrverbrauches von

$$\delta G_3 = \Delta G_3 - \Delta G'_3 = k_3\,\eta_2\left(\frac{1}{\eta_k} - \frac{1}{\eta'_k}\right).$$

Der Form nach kann Kurve x_1 der Abb. 19a verwandt werden. Sie stimmt mit x_3 überein, wenn $\eta_2 = \eta_0$, und der Klammerausdruck konstant $= 0{,}33$ gesetzt wird. Dann gibt $x_3 = x_2$ die Stundenzahl an, in welcher die jährliche Ersparnis den 5. Teil des Kapitalmehraufwandes bei einem Dampfpreis von 4 Mark pro Tonne erreicht. Die Schlußfolgerungen sind die gleichen wie bei Fall 1 und 2.

4. Fall IV: Betrieb der Hilfsturbine mit Anzapfdampf und Rückleitung des Abdampfes in die Hauptturbine Abb. 16.

Bezeichnungen. Es bezeichnet (Abb. 23a und b):

η_1 den *HD*-Teilwirkungsgrad der Hauptturbine,
η_2 ,, *MD* ,, ,, ,,
η_3 ,, *ND* ,, ,, ,,
D' die Dampfmenge im Mitteldruckteil,
D_1 die Düsendampfmenge = Kondensatmenge,
d_4 das Dampfgewicht der Hilfsturbine,
$\varepsilon_4 = \dfrac{d_4}{D_1}$.

Der Ausdruck für die Gesamtdampfmenge. Der Dampf der Hilfsturbine wird beim Druck p_1 entnommen und beim Druck p_2 wieder der Hauptturbine zugeführt. Um die für einen Vergleich wichtige gleiche Druckaufteilung zu erhalten, muß zunächst das Kondensatgewicht gleich der Dampfmenge bei getrennter Schaltung sein. Es ist daher zu setzen

$$D_1 = D' + d_4\,. \tag{54}$$

Durch diese Annahme wird p_2 konstant gehalten. Um auch p_1 und damit die Gefällsaufteilung beibehalten zu können, sei angenommen, daß durch eine ideale Füllungsregelung des Mitteldruckteiles der Entnahmedruck unveränderlich bleibt.

Ist nun wieder bei getrenntem Betrieb die Leistung der Hauptturbine N_{e_1} bzw. L_1 bei der Dampfmenge D_1, so ist bei Entnahmebetrieb eine etwas geringere Leistung N_{e_4} bzw. L_4 zu erwarten. Es ist angenähert

$$\frac{632\, N'_{e_4}}{\eta_g\, \eta_m} = L'_4 = D_1\, \eta_0\, H_0 - d_4\, \eta_2\, H_2\,, \tag{55}$$

$$l = d_4\, \eta_k\, H_2\,, \qquad \frac{l}{L_1} = k_1\,, \tag{55 a}$$

$$L_1 = D_1\, \eta_0\, H_0\,, \tag{55 b}$$

$$\frac{1}{f'_4} = \frac{L'_4}{L_1}\,. \tag{56}$$

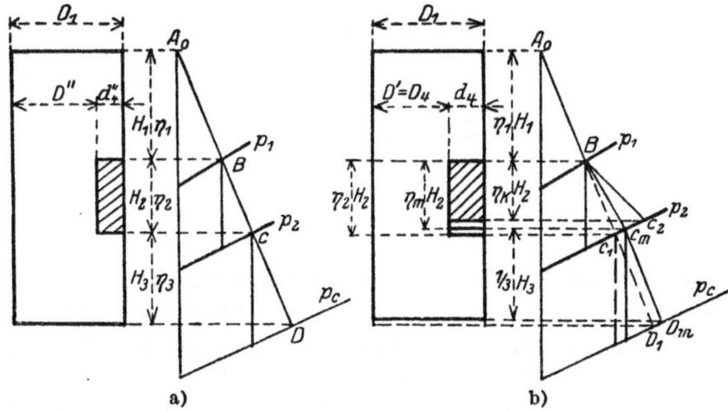

Abb. 23 a und b. Betriebsfall IV. Betrieb der Hilfsturbine mit Anzapfdampf aus der Hauptturbine und Rückleitung des Abdampfes in die Hauptturbine. (Mengen- und J-S-Diagramme.)

Die Gleichungen gelten genau, wenn $\eta_k = \eta_2$ wird. Dann ist

$$L''_4 = L_1 - l\,. \tag{55 c}$$

Wie auf S. 60 kann mit $\varepsilon_4 = \dfrac{d_4}{D_1}$ für die verkleinerte Leistung L'_4 geschrieben werden

$$L'_4 = L_1\left(1 - \varepsilon_4\, \frac{\eta_2\, H_2}{\eta_0\, H_0}\right) \tag{54 a}$$

also auch

$$\frac{1}{f'_4} = 1 - \varepsilon_4\, \frac{\eta_2\, H_2}{\eta_0\, H_0}\,. \tag{57}$$

Mit dem Wert k_1 ergibt sich wieder

$$\frac{1}{f'_4} = 1 - k_1\, \frac{\eta_2}{\eta_k}\,. \tag{57 a}$$

Die Gleichung (57 a) gilt nur angenähert, da infolge des Einflusses der Rückgewinnwärme trotz gleicher Druckaufteilung der Gesamtwirkungsgrad bei Entnahmebetrieb sich ändert. Im folgenden Abschnitt wird dies wieder an Hand der Fornerschen Gleichung berücksichtigt.

Der Ausdruck für die spezifischen Dampfverbrauche. Es ist für die getrennt betriebene Anlage Abb. 17a der Verbrauch der Hauptturbine allein

$$G_{(-)1} = \frac{D_1}{N_{e_1}}. \tag{30}$$

Bei Entnahmebetrieb dagegen wird dieser Verbrauch

$$G_{(+)4} = \frac{D_1}{N_{e_4}}, \tag{58}$$

so daß wieder, da $G_{(-)1} = \frac{(f_4 + \nu_4)}{(1 + \nu_4)} \frac{1}{f_4} G_{(-)4}$.

$$G_{(+)4} = f_4 G_{(-)1} = \frac{(f_4 + \nu_4)}{(1 + \nu_4)} G_{(-)1}. \tag{58 a}$$

Infolge der rückgewinnbaren Verlustwärme, die bei dem Druck p_2 eintritt, ist eine Berichtigung im ähnlichen Sinne notwendig, wie bei Fall 2 auf S. 62. Die Hilfsdampfmenge d_4 strömt der Hauptturbine bei p_2 wieder zu, nachdem sie längs des Gefälles H_2 mit einem Wirkungsgrad η_k auf den Druck p_2 expandiert ist. Allgemein wird wohl stets $\eta_k < \eta_2$ sein, so daß die anfallenden Wärmemengen sich am Ende des Mitteldruckteiles mischen werden. Es wird

$$D'\eta_2 + d_4 \eta_k = D_1 \eta_m \tag{59}$$

und

$$\Delta \eta_m = \frac{\eta_m - \eta_2}{\eta_2} = -\frac{d_4}{D_1} \cdot \frac{\eta_2 - \eta_k}{\eta_2}. \tag{60}$$

Setzt man nun den Leistungsanteil des Mitteldruckteiles $= \lambda_2$, so entsteht

$$\Delta \eta_m = -\frac{k_1}{\lambda_2} \frac{\eta_2 - \eta_k}{\eta_k} = \Delta \lambda_2. \tag{60 a}$$

$\Delta \lambda_2$ ist die Änderung des Leistungsanteils des Mitteldruckgebietes λ_2.

Würden wir wieder den Fall $\eta_k = \eta_2$ betrachten, so verschwindet $\Delta \lambda_2$ und die nun erzielte Leistung wird L_4'' bzw. N_{e_4}''. Mit der früheren Vernachlässigung und Einführung des Wertes $k_4'' = \frac{L}{L''}$ erhalten wir schließlich

$$\Delta \lambda_2 = -\frac{k_4''}{1 + k_4''} \frac{1}{\lambda_2} \left(\frac{\eta_2 - \eta_k}{\eta_k}\right). \tag{61}$$

Nach Forner ist die Verbrauchsänderung $\overline{\Delta G_4}$, welche entsteht, wenn der Mitteldruckwirkungsgrad von η_2 auf η_m sinkt, durch folgende Formel gegeben:

$$\overline{\Delta G_4} = \frac{G_{(+)4}}{G''_{(+)4}} - 1 = -\Delta\lambda_2 \cdot \lambda_2 (\lambda_1 + \lambda_2)^{(m-1)} \text{[1]}. \tag{62}$$

Mit Einsetzung des Wertes für $\Delta\lambda_2$ folgt

$$\overline{\Delta G_4} = \frac{k''_4}{1 + k''_4} \cdot (\lambda_1 + \lambda_2)^{(m-1)} \cdot \left(\frac{\eta_2 - \eta_k}{\eta_k}\right). \tag{62 a}$$

Ähnlich der früheren Rechnung ist auch hier wieder der Verbrauch bei $\eta_k = \eta_2$

$$G''_{(+)4} = \frac{D}{N''_{e(4)}} = \frac{(1 + k''_4 + \nu''_4)}{(1 + \nu''_4)} \cdot G''_{(-)4}, \tag{63}$$

so daß sich schließlich die tatsächliche Verbrauchsänderung ΔG_4 ergibt zu

$$\Delta G_4 = \frac{G_{(+)4}}{G_{(-)4}} - 1 = \frac{k_4}{1 + \nu_4}\left(1 + \left(\frac{\eta_2 - \eta_k}{\eta_k}\right) \cdot (\lambda_1 + \lambda_2)^{(m-1)}\right) \text{[2]}. \tag{64}$$

Der Koeffizient m ist von Forner nicht weiter angegeben. Es ist anzunehmen, daß für Expansionen im Naßdampfgebiet m kleiner wird; für die nachfolgenden Vergleichrechnungen ist $(m - 1) = \frac{1}{3}$ gesetzt worden. Der Aufbau der Gleichung (64) ähnelt dem von Gleichung (42). Zur Beurteilung des Einflusses einer Wirkungsgradverbesserung in der Hilfsturbine sei auf Kurve 4 der Abb. 19a verwiesen.

Auch in diesem Fall führt die Verbesserung des Hilfsturbinenwirkungsgrades η_k in η'_k auf eine Verringerung des Mehrverbrauches. Es ist ähnlich den früheren Fällen

$$\delta G_4 = \Delta G_4 - \Delta G'_4 = \frac{k_4}{1 + \nu_4}\,\eta_2\left(\frac{1}{\eta_k} - \frac{1}{\eta'_k}\right)(\lambda_1 + \lambda_2)^{\frac{1}{3}}.$$

Die Minimalstundenzahl x_4 rechnet sich wieder bei gleichen Annahmen wie früher aus dem abzuschreibenden Kapitalaufwand zu

$$x_4 = \frac{E}{\frac{4}{1000} \cdot \delta G_4 \cdot G_{(-)4}}.$$

---

[1]) S. a. O. S. 15.

[2]) Genauer ist ähnlich (42 a)

$$\varphi^2 + \varphi(1 - k_4) - k_4(1 + a) = 0 \tag{64 a}$$

mit

$$\varphi = (1 + \nu_4)\,\Delta G_4$$

$$a = \frac{\eta_2 - \eta_k}{\eta_k}(\lambda_1 + \lambda_2)^{(m-1)}.$$

Diese Beträge sind für $k_4 = 0{,}025$ und $\lambda_1 + \lambda_2 = 0{,}50$, $\eta_2 = \eta_0$ in Abb. 19a durch Kurve x_4 dargestellt.

Infolge des ähnlichen Aufbaues der Formeln und der getroffenen Annahmen haben alle Kurven $x_1 \rightarrow x_4$ den gleichen Charakter.

5. Vergleich der Antriebsarten I—IV auf Grund ihres spezifischen Mehrverbrauchs.

Unter Beibehaltung der früheren Bezeichnungen seien die Endformeln nochmals angeführt:

1. Abb. 13: Getrennter Betrieb

$$\Delta G_1 = k_1 \frac{\eta_0}{\eta_{k_0}}$$

nach Gleichung (32b).

2. Abb. 14: Hilfsdampf eingeleitet

$$\Delta G_2 = \frac{k_2}{1 + \nu_2}\left(1 + \left(\frac{\eta_1 - \eta_k}{\eta_k}\right)\sqrt[3]{\lambda_1}\right)$$

nach Gleichung (42).

3. Abb. 15: Hilfsdampf entnommen

$$\Delta G_3 = \frac{k_3}{1 + \nu_3}\left[\frac{\eta_2}{\eta_k} + \frac{\nu_3 \eta_0 H_0}{\eta_k H_2 - k_3 \eta_1 H_1}\right] = \backsim k_3 \frac{\eta_2}{\eta_k}$$

nach Gleichung (52a).

4. Abb. 16: Hilfsdampf entnommen und wieder eingeleitet

$$\Delta G_4 = \frac{k_4}{1 + \nu_4}\left(1 + \left(\frac{\eta_2 - \eta_k}{\eta_k}\right)(\lambda_1 + \lambda_2)^{m-1}\right)$$

nach Gleichung (64).

Wir wählen λ_1 bzw. $\lambda_1 + \lambda_2$ als Parameter und setzen $\nu_i = 0$. Dann sind die Ausdrücke $\frac{\Delta G_i}{k_i}$ als Gerade darstellbar, wenn als Abszisse das Verhältnis der Wirkungsgrade $\frac{\eta_0}{\eta_{k_0}}, \frac{\eta_1}{\eta_k}, \frac{\eta_2}{\eta_k}$ verwendet wird. In Abb. 24 ist dies durchgeführt, und zwar für Wirkungsgradverhältnisse von 0 bis 3 und für λ_1 bzw. $(\lambda_1 + \lambda_2)$-Werte von 0,25 bis 1,00. Für letzteren Wert gehen bekanntlich die Ausdrücke für ΔG_2 und ΔG_4 in ähnliche der Form von ΔG_1 oder ΔG_3 über. Für diesen Fall wird die Neigung der Geraden $\frac{\Delta G_i}{k_i}$ gleich 45°. Für die Schaltungsarten, bei welchen ν_i von Null verschieden ist, erhält die Ordinate in Abb. 24 noch den Faktor $(1 + \nu_i)$.

Es könnte ferner noch der Fall eintreten, daß bei den Betriebsarten 1. und 3. der Abdampf der Hilfsturbine zu Vorwärmezwecken Verwendung findet. Dann verringert sich das zur Verfügung der Hilfsturbine stehende Wärmegefälle. An Stelle von H_0 tritt im Fall 1 h_k bzw. im Fall 3 erscheint h_k statt H_2. Es erfahren die Gleichungen (32b) und (52a) für diese Fälle somit die folgende Abänderung:

I a $$\Delta G_{1a} = k_1 \frac{\eta_0 H_0}{\eta_k h_k} \tag{32c}$$

und

III a $$\Delta G_{3a} = k_3 \frac{\eta_2 H_2}{\eta_k h_k}\,^{1)}. \tag{52b}$$

Auch diese Antriebsarten können durch Abb. 24 behandelt werden. Es ist nur das Verhältnis der Wirkungsgrade jeweils durch die adiabatischen Gefälle zu berichtigen. In der folgenden Zahlentafel 11 sind zur Übersicht die oben erläuterten Betriebsfälle nochmals gegenübergestellt, wobei die Zeiger weggelassen sind, da allen Betriebsfällen die gleiche Leistung N_e zugrunde gelegt gedacht ist.

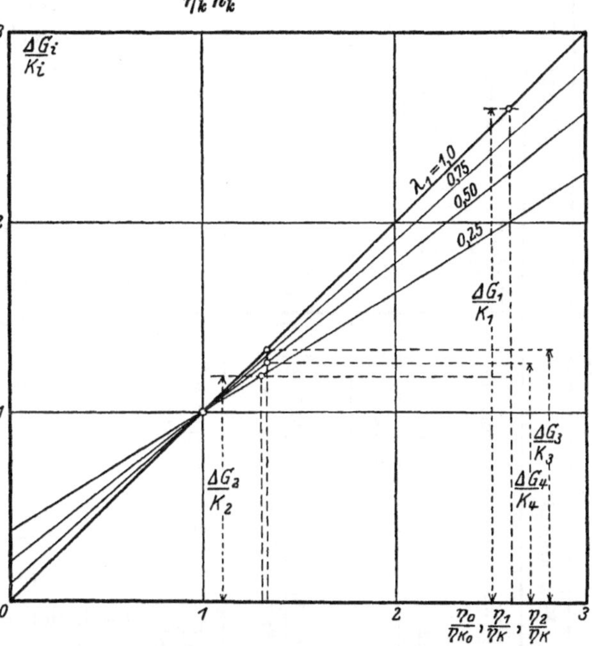

Abb. 24. Darstellung des spez. Mehrverbrauches der Schaltungsarten I bis IV für verschiedene λ_1, $(\lambda_1 + \lambda_2)$ und Wirkungsgradverhältnisse.

Aus der Zusammenstellung geht hervor, daß allgemein die Ausdrücke für den spezifischen Mehrverbrauch auf die Form gebracht werden können:

$$\Delta G_{(i)} = F\left[K_{(i)} \cdot \frac{\eta_{(0)}}{\eta_k} \cdot \frac{H_{(0)}}{h_{(k)}}\right]. \tag{65}$$

Es ist

$$K_{1,1a} = k_{(1,1a)}, \qquad K_{(i)} = \frac{k_{(i)}}{(1+\nu_{(i)})}, \qquad \cdots (i) = 2 \text{ und } 4.$$

$$K_{3,3a} = k_{(3,3a)}.$$

[1]) Genauer: $\Delta G_{3a} = \frac{k_3}{1+\nu_3}\left[\frac{\eta_2 H_2}{\eta_k h_k} + \frac{\nu_3 \eta_0 H_0}{\eta_k h_k - k_3 \eta_1 H_1}\right].$

Zahlentafel 11

Hilfsturbine betrieben mit	Frischdampf			Anzapfdampf aus der Hauptturbine		
Abdampf der Hilfsturbine in	Kondensator	Vorwärmer	Hauptturbine	Kondensator	Vorwärmer	Hauptturbine
Fall Nr.	I	Ia	II	III	IIIa	IV
Abb. Nr.	13, 18a		14, 18c	15, 20		16, 21
Verhältnis der Dampfverbrauche $\frac{G_{(+)}}{G_{(-)}}$ auf die Leistung N_e bezogen	$1+k\frac{\eta_0}{\eta_{k0}}$	$1+k\frac{\eta_0}{\eta_k}\frac{H_0}{h_k}$	$1+\frac{k}{1+\nu}\left(1+\frac{\eta_1-\eta_k}{\eta_k}\sqrt[3]{\lambda_1}\right)$	$1+k\frac{\eta_2}{\eta_{k0}}$	$1+k\frac{\eta_2}{\eta_k}\frac{H_2}{h_k}$	$1+\frac{k}{1+\nu}\left(1+\frac{\eta_2-\eta_k}{\eta_k}\sqrt[3]{(\lambda_1+\lambda_2)}\right)$
Spez. Mehrverbrauch ΔG	$k\frac{\eta_0}{\eta_{k0}}$	$k\frac{\eta_0}{\eta_k}\frac{H_0}{h_k}$	$\frac{k}{1+\nu}\left(1+\frac{\eta_1-\eta_k}{\eta_k}\sqrt[3]{\lambda_1}\right)$	$k\frac{\eta_2}{\eta_{k0}}$	$k\frac{\eta_2}{\eta_k}\frac{H_2}{h_k}$	$\frac{k}{1+\nu}\left(1+\frac{\eta_2-\eta_k}{\eta_k}\sqrt[3]{\lambda_1+\lambda_2}\right)$

$\Delta G_{(i)}$ hängt hiernach von 5 Größen ab, deren Einflüsse im folgenden Abschnitt noch näher untersucht werden sollen.

6. Der Ausdruck für die Änderung des spezifischen Mehrverbrauches.

Es sei angenommen, daß die Dampfverbrauche $G_{(+)(i)}$, $G_{(-)(i)}$ bei einer bestimmten Belastung einer Turbinenanlage mit Hilfsturbinenantrieb durch gewisse konstruktive oder betriebliche Maßnahmen in die Werte $G'_{(+)}$, $G'_{(-)}$ abgeändert werden würden. War der spezifische Mehrverbrauch der Anlage gegenüber Betrieb ohne Hilfsturbine $\Delta G_{(i)}$, so wird er nach der Änderung $\Delta G'_{(i)}$ sein. Es sei z. B.

$$\Delta G'_i < \Delta G_i .$$

Der Mehrdampfbedarf beträgt

vor der Änderung

$$[G_{(+)(i)} - G_{(-)(i)}]\, N_e \text{ in kg/st},$$

nach der Änderung

$$[G'_{(+)(i)} - G'_{(-)(i)}]\, N_e \text{ in kg/st},$$

daher die Ersparnis in kg/st

$$E_{(i)} = [\Delta G_{(i)} G_{(-)(i)} - \Delta G'_{(i)} G'_{(-)(i)}]\, N_e \qquad (66)$$

oder prozentual

$$e = \left[1 - \frac{\Delta G'_{(i)}\, G'_{(-)(i)}}{\Delta G_{(i)}\, G_{(-)i}}\right]. \qquad (66\text{a})$$

Durch Änderung der Größen $k_{(i)}$, η_k und h_k wird der spezifische Dampfverbrauch bei Betrieb ausschließlich Hilfsturbine nicht berührt. Es ist in diesen Fällen $G'_{(-)(i)} = G_{(-)(i)}$, so daß dann die anteilige Einsparung durch

$$e' = \left[1 - \frac{\varDelta G'_{(i)}}{\varDelta G_{(i)}}\right] = \gamma \tag{66b}$$

gegeben ist. Der Ausdruck γ gibt die Wirtschaftlichkeit des betreffenden Einflusses auf die Schaltung an.

Schließlich sei noch der Quotient der spezifischen Verbrauchsdifferenzen gebildet

$$\chi_{(i)} = \frac{\dfrac{G_{(+)(i)} - G'_{(+)(i)}}{G_{(+)(i)}}}{\dfrac{G_{(-)(i)} - G'_{(-)(i)}}{G_{(-)(i)}}} = \frac{1}{(\varDelta G_{(i)} + 1)}\left[\frac{\varDelta G_{(i)} G_{(-)(i)} - \varDelta G'_{(i)} G'_{(-)(i)}}{G_{(-)(i)} - G'_{(-)(i)}} + 1\right], \tag{67}$$

welcher angibt, in welchem Verhältnis die Änderung des Dampfverbrauches der Anlage ohne Hilfsturbine zu einer solchen mit Hilfsturbine steht. Der Ausdruck kommt dann in Frage, wenn auch durch die vorgenommene Änderung der Dampfverbrauch der Hauptturbine $G_{(-)}$ sich vergrößert oder verkleinert.

7. Der Einfluß der Größen $k_{(i)}$, η_k, h_k und η_0, H_0.

a) Der Einfluß von $k_{(i)}$. 1. Für alle Betriebsfälle wird die Änderung des Mehrdampfbedarfes nach Gleichung (66) werden, wenn sich die Hilfsturbinenleistung n_e in n'_e und damit k_i in k'_i ändert:

$$E = D\,[\varDelta G_{(i)} - \varDelta G'_{(i)}] = D \frac{S}{1 + \nu_{(i)}} [k_{(i)} - k'_{(i)}]. \tag{68}$$

S ist eine Funktion der Wirkungsgrade und Gefälle. Mit einiger Annäherung kann die Veränderung dieser Größen vernachlässigt werden. Die anteilige Ersparnis wird

$$e = 1 - \frac{k'_{(i)}}{k_{(i)}}. \tag{68a}$$

Mit $k_{(i)}$ wurde das Leistungsverhältnis $\frac{l}{L}$ bezeichnet. Durch Einführung der mechanischen Wirkungsgrade η_m, η'_m und des Generatorwirkungsgrades η_g kann $k_{(i)}$ durch das Verhältnis der Effektivleistungen (n_e, N_e) ersetzt werden. Es ist dann

$$k_{e(i)} = \frac{\eta'_m}{\eta_g\,\eta_m} k_{(i)}$$

oder auch

$$K_{e(i)} = \frac{k_{e(i)}}{1 + \nu_{(i)}} = \frac{\eta'_m}{\eta_g\,\eta_m} K_{(i)}. \tag{68b}$$

Mit kleiner werdenden $k_{(i)}$ oder $K_{(i)}$ tritt somit stets eine Ersparnis ein. Der Mehrverbrauch nimmt aber auch ab, wenn der mechanische Wirkungsgrad η'_m der Hilfsturbine in η''_m verbessert wird.

Es ist auch

$$e = 1 - \frac{l'}{l} = 1 - \frac{n'_e \eta'_m}{n_e \eta''_m}. \tag{68c}$$

2. Die Änderung des Ausdruckes $\left(\frac{k_{(i)}}{1 + \nu_{(i)}}\right)$ bestimmt fernerhin auch die Verhältnisse bei Teillasten. Es ist dann n_e als konstant und N_e als veränderlich anzunehmen.

Wird wieder von der geraden Abhängigkeit der Leistung der normalen Frischdampfturbine über der Dampfmenge ausgegangen, besteht also das Gesetz

$$D = \alpha N_e(1 + \nu) = G_{(-)} N_e,$$

so wird der Gesamtdampfbedarf bei Betrieb einschließlich des Kraftbedarfes der Hilfsantriebe

$$D_+ = G_{(+)} N_e = (\Delta G + 1) G_{(-)} N_e = (\Delta G + 1) \alpha N_e (1 + \nu) = \Delta G D + D.$$

Nehmen wir zunächst an, daß $(\Delta G D)$[1]) unabhängig von N sei, wie dies auch tatsächlich im Fall I und Ia zutrifft, so wird

$$D_{(+)} = d + \alpha N_e(1 + \nu) = \alpha N_e + (\alpha N_0 + d).$$

$$G_{(+)} = G_{(-)} + \frac{d}{N_e}.$$

Die Dampfgerade verschiebt sich um die Höhe d nach oben. In allen anderen Fällen kann die Dampfmenge einschließlich Hilfsdampfbedarf in die Form

$$D_{(+)} = D_{(-)} + (n_e \alpha) \frac{\eta_g \eta_m}{\eta'_m} \cdot \varphi$$

gebracht werden, mit

$$\varphi = \frac{(1 + \nu)}{k} \cdot \Delta G.$$

Je nach der Art der Hauptturbinenregelung wird φ über (N_e) verschiedene Werte annehmen. Auch die Änderung des Hilfsturbinenwirkungsgrades und des dieser Turbine zugewiesenen Gefälles spielt eine gewisse Rolle und wird das Gesetz $\varphi = \varphi(N_e)$ beeinflussen.

Beispiel. Für den einfachsten Fall nach Schaltung I, Abb. 13, seien die nachstehenden Annahmen gewählt:

Vollastleistung . . . $N_e = 2000$ kW
Ideelle Leerlaufleistung $N_0 = 174$ „
Hilfsturbinenleistung . $n_e = 52$ „

		4/4	3/4	2/4	Belastung
Dampfverbrauch ohne Rücksicht auf den Kondensationskraftbedarf	$G_{(-)} =$	5,84	6,00	6,31	kg/kWh
	oder	100	102,9	108	vH.

[1]) Es war für Fall I: $\Delta G_1 = k_1 \frac{\eta_0}{\eta_{k_0}} = \frac{n_e}{N_e} \cdot \frac{\eta_m \eta_g}{\eta'_m} \cdot \frac{\eta_0 H_0}{\eta_{k_0} H_0} = \frac{d}{D}.$

Mit einem Generatorwirkungsgrad $\eta_g = 93$ vH, einem mechanischen Wirkungsgrad der Hauptturbine $\eta_m = 0{,}98$ und der Hilfsturbine von $\eta_m' = 0{,}95$ errechnet sich $k_1 = 0{,}025$. Nehmen wir die Hilfsdampfmenge mit $d = 487$ kgh an, so erhalten wir für die Belastungen

		4/4	3/4	2/4	
	$G_{(+)} - G_{(-)}$	0,243	0,324	0,487	$\left(= \frac{d}{N_e}\right)$ kg/kWh
daher für den Dampfverbrauch	$G_{(+)}$	6,08	6,32	6,80 kg/kWh	
einschließlich Hilfskraftbedarf	oder	100	104	112 vH.	

Dampfmenge und Leistung der Hilfsturbine sind unveränderlich angenommen, da einerseits die etwas größere Luftleere im Kondensator bei sinkender Last keine nennenswerte Verminderung des Hilfsdampfgewichtes hervorrufen wird und andererseits auch die durch die abnehmende Kondensatmenge bedingte Verringerung der Hilfsturbinenleistung vernachlässigt werden kann.

Im Betriebsfall II wird der Druck an der Einführungsstelle des Abdampfes der Hilfsturbine mit der Belastung sich ändern. Bis zu einem gewissen Grade kann diese Druckänderung von der Hilfsturbine ferngehalten werden, indem der Abdampf durch einen sog. „Hilfsleitapparat" aufgestaut wird und durch diesen auf einen Teil der Laufschaufelung der Hauptturbine geleitet wird. (S. Stodola, „Dampfturbinen" V, S. 727. J. Springer.)

Der Hilfsdampf arbeitet mit dem Gefälle $\eta_k h_k$ in der Hilfsturbine und mit $\eta_h h_h$ in dem Hilfsleitapparat. Die Gl. 42 wird sich daher in

$$\Delta G_{2a} = \frac{k}{1+\nu}\left[1 + \frac{\eta_1 H_1 - \eta_h h_h - \eta_k h_k}{\eta_k h_k}\sqrt[3]{\lambda_1}\right] \tag{42b}$$

abändern, die näherungsweise durch

$$\Delta G_{2a}' = \frac{k}{1+\nu}\left[\frac{\eta_1 H_1 - \eta_h h_h}{\eta_k h_k}\right] \tag{42c}$$

ersetzt werden kann.

Über das Verhalten der Hilfsturbine bei sich ändernden Abdampfverhältnissen sei auf S. 11ff. verwiesen. Diese Art der Schaltung ist seltener angewandt, da man befürchtet, daß bei geringer Belastung der Hauptturbine diese durch den Hilfsdampf zum „Durchgehen" gebracht werden kann. Auf die Notwendigkeit besonderer Sicherheitsmaßnahmen wurde schon hingewiesen. Diese werden bei der Schaltungsart mit „Staudruck" unerläßlich, da dann stets eine gewisse Dampfmenge, auch bei den kleinsten Belastungen der Hauptturbine, bei unveränderlich bleibendem Staudruck in die Hauptturbine eintritt. Ein Umschalten der Hilfsturbine beim Leerlauf der Hauptturbine auf Kondensations- oder Auspuffbetrieb wird dann notwendig selbsttätig erfolgen müssen, um die obenerwähnten Gefahren sicher zu vermeiden (s. auch S. 10).

Bei Betrieb der Hilfsturbine mit Anzapfdampf muß der Druck an der Anzapfstelle durch eine Steuerung konstant gehalten werden, wenn man nicht den Druckschwankungen infolge Belastungsänderungen durch entsprechende Bemessung der Querschnitte in der Hilfsturbine begegnet. Unter einer bestimmten Belastung wird ein Betrieb der Hilfsturbine aber mit Anzapfdampf nicht mehr möglich sein, so daß dann ein selbsttätiges Umschalten des Hilfsbetriebes auf Frischdampf erfolgen muß.

Bei der Bestimmung der Dampfverbrauche unter Einbezug des Hilfskraftbedarfes ist weiter zu berücksichtigen, daß die Wirkungsgrade der Hilfsturbine infolge der sich mit den Teillasten ändernden Druck- und Gefällsverhältnisse ebenfalls ändern werden. Je nach Bauart und Ausführung werden verschiedene Berichtigungen erfolgen müssen, so daß sich allgemeine Richtlinien hierfür nicht aufstellen lassen.

b) Der Einfluß des Hilfsturbinenwirkungsgrades η_{k_0} bzw. η_k. Es ist möglich, durch konstruktive Maßnahmen eine Verbesserung des thermodyn. Wirkungsgrades, etwa durch Einbau eines Getriebes und Ersatz der normaltourigen Hilfsturbine durch eine raschlaufende, zu erzielen. Da allgemein der Ausdruck für den Mehrverbrauch ΔG für alle Betriebsfälle auf die Form gebracht werden kann

$$\Delta G = (m) \cdot \frac{1}{\eta_k} + (n)$$

mit (m) und (n) als Konstante, so wird die Ersparnis bei einer Verbesserung des Hilfsturbinenwirkungsgrades in η'_k bzw. η'_{k0}, da $G_{(-)}$ unabhängig von η_k ist,

$$E_{(i)} = D(m)\left[\frac{1}{\eta_k} - \frac{1}{\eta'_k}\right] \tag{69}$$

und

$$e_{(i)} = 1 - \frac{(m)\dfrac{1}{\eta'_k} + (n)}{(m)\dfrac{1}{\eta_k} + (n)}. \tag{69a}$$

Einer Erhöhung des thermodyn. Wirkungsgrades η_k wird daher stets eine Ersparnis im Mehrverbrauch entsprechen. Eine Wirtschaftlichkeit der vorgenommenen Verbesserung beginnt, wenn die sich aus der Dampfersparnis ergebenden Kohlenkosten dem Abschreibungsbetrag des Mehraufwandes an Anlagekapital das Gleichgewicht halten.

In Abb. 19a ist, wie schon erwähnt, diese Rechnung durchgeführt worden. Die Ordinaten der Kurven $x_1 \rightarrow x_4$ geben die Mindestbetriebsstunden pro Jahr an, die nötig sind, um eine konstant gedachte Verbesserung $\dfrac{1}{\eta_k} - \dfrac{1}{\eta'_k} = 0{,}33$ wirtschaftlich zu gestalten.

Für die Betriebsfälle I, Ia, III und IIIa wird $(n) = 0$ und die relative Ersparnis

$$e_{1,3} = 1 - \frac{\eta_k}{\eta_k'}. \tag{69b}$$

Aus den Gleichungen für ΔG folgt aber auch, daß bei gleichem Verbesserungsverhältnis $\frac{\eta_k'}{\eta_k}$ die Betriebsfälle II und IV geringere Ersparnisse aufweisen werden als die Schaltungen I, Ia, III und IIIa. Es kommt dies auch in Abb. 19a zum Ausdruck, indem für sonst gleich angenommene Zustände die Kurven der Betriebszeiten x_2, x_4 über der Kurve $x_2 = x_3$ zu liegen kommen.

c) Der Einfluß der thermodynamischen Wirkungsgrade η_0, η_1, η_2 der Hauptturbine. Auch für diesen Einfluß kann eine Abkürzung

$$\Delta G = (m) \cdot \eta + (n)$$

mit (m) und (n) als Konstanten benutzt werden, wobei η allgemein den für die Hauptturbine in Frage kommenden Wirkungsgrad bedeutet. Da auch

$$G_{(-)} = (q) \frac{1}{\eta_0}$$

geschrieben werden kann, wird die evtl. Ersparnis bei Änderung des η in η' bei Annahme von $\frac{\eta}{\eta_0} = \frac{\eta'}{\eta_0'}$

$$E = (n)(q)\left[\frac{1}{\eta_0} - \frac{1}{\eta_0'}\right] N_e \tag{70}$$

und

$$e = 1 - \frac{(m)\frac{\eta'}{\eta_0'} + (n)\frac{1}{\eta_0'}}{(m)\frac{\eta}{\eta_0} + (n)\frac{1}{\eta_0}} = \frac{(n)}{\Delta G}\left(1 - \frac{G_{(-)}'}{G_{(-)}}\right). \tag{70a}$$

(m), (n) und (q) sind konstante Beiwerte. In den Betriebsfällen I, Ia, III und IIIa ist wieder $(n) = 0$ zu setzen, so daß dann

$$E = 0 \text{ und auch } e = 0$$

wird. Die vorerwähnten Schaltungsarten benötigen für den Betrieb mit Hilfsturbine stets ein und dieselbe Dampfmenge $[G_{(+)} - G_{(-)}] N_e$.

Es ist ferner für diese Fälle der Wirtschaftlichkeitsfaktor

$$\gamma_{1,3} = \frac{\Delta G - \Delta G'}{\Delta G} = 1 - \frac{\eta'}{\eta} = 1 - \frac{G_{(-)}}{G_{(-)}'}, \tag{71}$$

d. h. je höhere Werte η' erhält, desto größer wird $\Delta G'$. Die prozentuale Verbesserung in der Hauptturbine ist der prozentualen Verschlechterung des Mehrverbrauches ΔG gleich. Die Anlage arbeitet dann mit der unverändert gebliebenen Hilfsturbine unwirtschaftlicher. Aber auch in den Fällen II und IV tritt eine Verringerung der Wirtschaftlichkeit ein bei zunehmenden η, denn es ist

$$\gamma_{2,4} = 1 - \frac{\eta' + \left(\frac{n}{m}\right)}{\eta + \left(\frac{n}{m}\right)}.$$

Da $\left(\frac{n}{m}\right) > 0$ ist, wird die Verschlechterung jedoch in den 2 letztgenannten Fällen nicht so groß als wie in den Schaltungen I, Ia, III, IIIa.

Bilden wir schließlich den Ausdruck χ nach Gleichung (67), so erhalten wir für die Betriebsfälle I, Ia, III und IIIa allgemein

$$\chi_{1,3} = \frac{1}{\Delta G_{(i)} + 1} = \frac{G_-}{G_{(+)}} = \text{konst.} \tag{72}$$

χ ist somit unabhängig von den sich ändernden Größen.

Für die Betriebsfälle II und IV wird mit Berücksichtigung von (70) und (66)

$$\chi_{2,4} = \frac{(n) + 1}{(\Delta G_{(i)} + 1)} = [(n) + 1]\left[\frac{G_-}{G_{(+)}}\right] = \text{konst.} \tag{72a}$$

Es ist

$$(n)_2 = \frac{k}{1+\nu}\left(1 - \sqrt[3]{\lambda_1}\right),$$

$$(n)_4 = \frac{k}{1+\nu}\left(1 - \sqrt[3]{\lambda_1 + \lambda_2}\right).$$

Auch hier ist die Änderung des spezifischen Dampfverbräuche bei Betrieb einschließlich Hilfsturbine unabhängig von den Änderungen in der Hauptturbine. Stets war hierbei angenommen, daß die Hilfsturbinenleistung unverändert bleibt, eine Annahme, die nur für kleine Unterschiede $\eta' - \eta$ Gültigkeit hat. Nimmt die Hilfsturbinenleistung merklich ab oder zu, so kann diesen Änderungen durch Einsetzen des berichtigten Wertes $k_{(i)}$ Rechnung getragen werden.

Beispiel. Eine Anlage arbeite mit 12 at (Üb.) 300° auf einen Kondensatordruck $p_c = 0{,}05$ At (abs.). Die Hauptturbine habe bei einfacher Ausführung die folgenden Wirkungsgrade

	Wirkungsgrad / Gesamt	*HD*	*MD*	*ND*
(Turbine 1)	$\eta_0 = 0{,}75$	$\eta_1 = 0{,}70$	$\eta_2 = 0{,}755$	$\eta_2 = 0{,}755$

Durch Einbau weiterer Stufen gelänge es, diese Werte auf

(Turbine 2)	$\eta_0' = 0{,}80$	$\eta_1' = 0{,}747$	$\eta_2' = 0{,}805$	$\eta_2' = 0{,}805$

zu heben. Das adiabatische Gefälle bleibt mit 216 WE unverändert bestehen. Es sei ferner $\eta_m = 0{,}98$ und $\eta_g = 0{,}93$ angenommen. Für die Hauptturbine allein ergibt sich ein spezifischer Verbrauch $G_{(-)} = \frac{860}{\eta_g \eta_m \eta_0 H_0} = 5{,}84$ kg/kWh für die einfachere Ausführung, und $G'_{(-)} = 5{,}48$ kg/kWh für die vielstufige Bauart.

Setzen wir für $k_{(i)} = 0{,}025$, $K'_{(i)} = 0{,}023$, $\eta_k = 0{,}54$, $\eta_{k0} = 0{,}45$, $h_k = h_{k0} = 60$ WE, so erhalten wir für die spezifischen Mehrverbräuche die in der Zahlentafel eingetragenen Werte.

Zahlentafel 12.

Einfluß des höheren Hauptturbinenwirkungsgrades.

Betriebsfall		I	Ia	II	III	IIIa	IV
$G_{(-)}$	kg/kWh	5,84	5,84	5,84	5,84	5,84	5,84
$G'_{(-)}$	,,	5,48	5,48	5,48	5,48	5,48	5,48
$G_{(+)}$	,,	6,08	6,57	6,00	6,09	6,39	6,02
$G'_{(+)}$	,,	5,72	6.21	5,64	5,73	6,03	5,65
ΔG		0,0417	0,125	0,0273	0,0386	0,0862	0,0302
$\Delta G'$		0,0445	0,133	0,0286	0,0411	0,092	0,0320
e		0	0	0,0191	0	0	0,0096
γ		—0,067	—0,067	—0,0475	—0,067	—0,067	—0,058
χ		0,96	0,89	0,982	0,96	0,917	0,972

Da nach obiger Aufstellung

$$\frac{\eta}{\eta_0} = \frac{\eta'}{\eta'_0}$$

ist, wird die Differenz

$$G_{(+)} - G_{(-)} = G'_{(+)} - G'_{(-)}$$

für die Betriebsfälle I Ia III IIIa [1])
0,243 0,730 0,245 0,548 kg/kWh

Der Unterschied $G_{(+)} - G'_{(+)} = G_{(-)} - G'_{(-)} =$ konstant $= 0{,}36$ kg/kWh. In allen Fällen tritt aber eine Vergrößerung des spezifischen Mehrverbrauches ein. Denn es ist

$$\gamma_{1,3} = 1 - \frac{\eta'}{\eta} = -0{,}067,$$

d. h., einer Verbesserung in der Hauptturbine um 6,7 vH entspricht einer Zunahme des Mehrverbrauches ΔG um 6,7 vH.

Für die Betriebsfälle II und IV ist $\lambda_1 = 0{,}25$, $\lambda_2 = 0{,}25$ angenommen.

Man ersieht ferner aus der Zahlentafel, daß sich zwar eine absolute Dampfersparnis in den Fällen II und IV einstellen wird, wenn der Hauptturbinenwirkungsgrad um 6,7 vH verbessert wird. Jedoch die spezifischen Mehrverbräuche ΔG nehmen mit besseren Wirkungsgraden der Hauptturbine zu.

Berücksichtigt man, daß infolge des verminderten Kondensatgewichts die Hilfsturbinenleistung zurückgeht, etwa um 4 vH, so daß der Wert $\frac{k}{1+\nu} = 0{,}022$

[1]) Mit der genaueren Formel auf S. 65 u. 71 ergibt sich für

$G_{(+)3} = 6{,}09$ kg/kWh und $G_{(+)3a} = 6{,}40$ kg/kWh
$G'_{(+)3} = 5{,}73$,, $G'_{+3a} = 6{,}04$,,

wird, dann betragen die Dampfverbrauche einschließlich Kraftbedarf der Kondensation für die Betriebsfälle

	I	Ia	II	III	IIIa	IV
G'_+	5,71	6,18	5,63	5,71	6,00	5,65 kg/kWh.

In allen Fällen werden die Ersparnisse positiv, die Wirtschaftlichkeit etwas günstiger, jedoch bleibt $\Delta G' > \Delta G$.

Die die Wirtschaftlichkeit kennzeichnende Größe γ ist in allen Fällen negativ, sie nimmt daher ab. Der günstigste Fall tritt dann ein, wenn die Hilfsturbine ihren Abdampf auf die Hauptturbine abgibt, da dann die Hilfs-Dampfexpansion an der Verbesserung des Hauptturbinenwirkungsgrades teilnimmt.

d) Der Einfluß eines höheren Druckes und einer höheren Anfangstemperatur. Wie schon eingangs erwähnt, ist das adiabatische Gefälle um so größer, je höher Anfangsdruck und Temperatur werden. Der Einfluß dieser beiden Größen wird sich daher darin äußern, daß die adiabatischen Gefälle H_0 und auch H_1 mit zunehmendem Druck und zunehmender Temperatur wachsen. Um die folgende Vergleichsrechnung einfacher zu gestalten, sei angenommen, daß die Änderung des Anfangszustandes keinen nennenswerten Einfluß auf die Wirkungsgrade in der Hauptturbine ausübt. Wir setzen ferner voraus, daß sich die Hilfsleistung n_e nicht ändern möge, also k konstant bleibt.

Die spezifischen Mehrverbräuche bei Betrieb mit Hilfsturbine können daher, wie ein Blick auf die Zahlentafel 11 lehrt, abgekürzt

$$\Delta G_{(i)} = C + f(H_0, H_1) \tag{73}$$

geschrieben werden. In den Betriebsfällen I, III und IIIa ist $f(H_0, H_1) = 0$ zu setzen, so daß $\Delta G_{(i)}$ von einer Änderung der H_0, H_1 unabhängig bleibt. Es ist dann also

$$\gamma_{1,3} = 0 \quad \text{und} \quad e_{1,3} = 1 - \frac{G'_{(-)}}{G_{(-)}} = 1 - \frac{H_0}{H'_0}. \tag{74}$$

Es folgt aus (74), daß mit wachsendem H_0 die prozentuale Ersparnis an Mehrdampf zunimmt. Die Wirtschaftlichkeit der Schaltungen aber bleibt konstant ($\gamma = 0$).

Für die obenerwähnten Betriebsfälle ist weiter

$$\frac{dG_{(+)}}{dG_{(-)}} = \text{konst.} = \Delta G + 1\,,$$

so daß

$$\chi_{(i)} = \frac{\dfrac{G'_{(+)i} - G_{(+)i}}{G_{(+)i}}}{\dfrac{G'_{(-)i} - G_{(-)i}}{G_{(-)i}}} = 1\,, \qquad i = 1,\ 3,\ 3\text{a} \tag{75}$$

wird.

Die Änderung des spezifischen Dampfverbrauches bei Betrieb ausschließlich Hilfsturbine infolge einer Vergrößerung oder Verkleinerung von H_0 ist gleich der Änderung der spezifischen Dampfverbräuche bei Betrieb mit Hilfsturbine.

Für den Betriebsfall I a ist ΔG_{1a} eine geradlinige Funktion von H_0. Es ist also in (73) $C = 0$ und $f(H_0, H_1) = p \cdot H_0$.

Da sich

$$\frac{\Delta G_{1a}}{\Delta G'_{1a}} = \frac{G'_{(-)1a}}{G_{(-)1a}}$$

verhält, wird $\delta(\Delta G_{1a} G_{(-)1a}) = 0$ und $e_{1a} = 0$. Ferner wird $\gamma_{1a} = 1 - \frac{H'_0}{H_0}$ und

$$\chi_{1a} = \frac{1}{\Delta G_{1a} + 1}. \tag{76}$$

Die Änderung des spezifischen Dampfverbrauches ΔG in $\Delta G'$ ist konstant. Die Wirtschaftlichkeit nimmt ab.

Im 2. Betriebsfall der auf die Hauptturbine eingeschalteten Hilfsturbine ergibt sich für e angenähert, wenn $a = \frac{\eta_1 - \eta_k}{\eta_k}$ gesetzt wird,

$$e_2 = \frac{\left[-1 + a\frac{1}{3}\lambda_1^{-\frac{2}{3}}(1 - 4\lambda_1)\right]\Delta\lambda_1}{(1 - \lambda_1)\left(1 + a\lambda_1^{\frac{1}{3}}\right)}, \tag{77}$$

da für $\frac{1}{\eta_0 H_0} = \frac{1 - \lambda_1}{\eta_2 H_2}$ gesetzt werden kann, mit $\lambda_1 = \frac{\eta_1 H_1}{\eta_0 H_0}$; die Änderung von λ_1 ist

$$\Delta\lambda_1 = \lambda_1 - \lambda'_1.$$

Ferner ergibt sich der Wirtschaftlichkeitsfaktor γ angenähert zu

$$\gamma_2 = \frac{a}{3}\frac{\Delta\lambda_1}{\lambda_1^{\frac{2}{3}} + a\lambda_1}\,(<0) \tag{78}$$

und

$$\chi_2 = 1 - \frac{\frac{k}{1+\nu}\frac{a}{3}\lambda_1^{-\frac{2}{3}}(1 - \lambda_1)}{1 + \frac{k}{1+\nu}\left(1 + a\lambda_1^{\frac{1}{3}}\right)} = \frac{1 + \frac{k}{1+\nu}\left(1 + \frac{a}{3}\left(4\lambda_1^{\frac{1}{3}} - \lambda_1^{-\frac{2}{3}}\right)\right)}{(1 + \Delta G)}, \tag{79}$$

somit unabhängig von $\Delta\lambda_1$.

Für die am häufigsten vorkommenden Verhältnisse kann $\lambda_1 \sim 0{,}25$ gesetzt werden, so daß

$$\lambda_1^{-\frac{2}{3}} \sim 4\lambda_1^{\frac{1}{3}}$$

wird, daher kann für kleine Änderungen $\varDelta\lambda_1$

$$e_2' = \frac{-\varDelta\lambda_1}{0,75 + 0,472a}, \tag{77a}$$

$$\gamma_2' = \frac{a\varDelta\lambda_1}{1,191 + 0,75a} \tag{78a}$$

und

$$\chi_2' = \frac{1 + \frac{k}{1+\nu}}{1 + \frac{k}{1+\nu}(1 + 0,63a)}. \tag{79a}$$

geschrieben werden.

Eine absolute Dampfverbrauchsersparnis ergibt sich erst, wenn der im Zähler der Gl. (79) gesetzte Klammerausdruck negativ wird. In Abb. 25 ist dieser Ausdruck dargestellt, und zwar für $a = 0,3$, $0,6$, $0,9$ über λ_1. Man ersieht, daß bei fast allen praktisch vorkommenden Teilungen λ_1 eine absolute Ersparnis eintritt. Die Wirtschaftlichkeit wird aber, da $\varDelta\lambda_1$ bei wachsendem Gefälle H_0 negativ, stets ungünstiger.

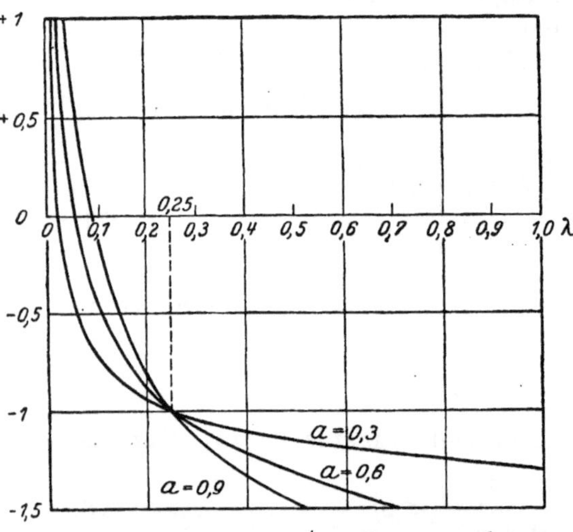

Abb. 25. Werte von $-\left(1 + \frac{a}{3}(4\lambda_1^{\frac{1}{3}} - \lambda_1^{-\frac{1}{3}})\right)$ für verschiedene a und λ_1.

Für den Betriebsfall IV können die gleichen Formeln benutzt werden, wenn die Annahme getroffen wird, daß

$$\lambda_2 \cong \lambda_2'$$

und

$(\lambda_1 + \lambda_2) = \lambda_3$ an Stelle von λ_1,

ferner

$$\varDelta\lambda_3 = \varDelta\lambda_1$$

gesetzt wird.

Beispiel. In einer Anlage werde durch Aufstellung neuer Kessel und Turbinen der Druck von 12 at (Üb.) und die Temperatur von 300° auf 25 at (Üb.) und 350°, alle Werte vor dem Einlaßventil der Turbine gemessen, erhöht. Es sei angenommen, daß der Wirkungsgrad der Hauptturbine sowie alle anderen Verhältnisse unverändert bleiben. In beiden Fällen sei der Enddruck im Kondensator = 0,05 At. Es betrage bei einer Leistung von $N_e = 2000$ kW der

Gesamt-Hauptturbinenwirkungsgrad	$\eta_0 = 75$	vH
Hochdruckteil-Wirkungsgrad	$\eta_1 = 70,2$	„
Niederdruckteil-Wirkungsgrad	$\eta_2 = 75,5$	„

Mitteldruckteil-Wirkungsgrad . . . . $\eta_3 = 70{,}2$ vH
mechanischer Wirkungsgrad . . . . $\eta_m = 98$ „
Generatorwirkungsgrad . . . . $\eta_g = 93$ „
Hilfsturbinenwirkungsgrad im Fall I und Ia . . . . $\eta_{k0} = 40$ „ u. 54 vH
„ „ „ II } $\eta_k = 54$ „
„ „ „ III u. IIIa u. IV }
Leistungsverhältnis $k = 0{,}0265$
$k_e = 0{,}0276$.

Aus dem J—S-Diagramm ergibt sich für den früheren Betrieb mit 12 At eine adiabatische Gefällshöhe $H_0 = 216$ WE, welche sich für den Betrieb mit 25 At in $H_0' = 248$ WE ändert. Daher ergeben sich die spezifischen Dampfverbräuche

für den 12-at (Üb.)-Betrieb $G_{(-)} = 5{,}84$ kg/kWh ausschl. Hilfsarbeit
„ „ 25-at (Üb.)- „ $G'_{(-)} = 5{,}09$ „ „ „

Wir erhalten beim Übergang auf den Hochdruckbetrieb für die Fälle I, III und IIIa eine absolute Dampfverbrauchsersparnis nach Gleichung (74) von

$$e_{1,3} = 1 - \frac{H_0}{H_0'} = 0{,}129 \text{ oder } 12{,}9 \text{ vH.}$$

Der spezifische Mehrverbrauch $\varDelta G$ ist für diese Fälle konstant ($\gamma_{1,3} = 0$).

Im Betriebsfall Ia wird die Ersparnis $e_{1a} = 0$, dagegen

$$\gamma_{1a} = 1 - \frac{H_0'}{H_0} = -0{,}148 \text{ das sind } 14{,}8 \text{ vH.}$$

Es nimmt die Wirtschaftlichkeit somit um 14,8 vH ab. Denn es ist im Hochdruckbetrieb der spezifische Mehrverbrauch $\varDelta G'$

$$\varDelta G_{1a}' = (1 - \gamma_{1a})\, \varDelta G_{1a} = 1{,}148\, \varDelta G_{1a}.$$

Nehmen wir nun $h_{k0} = 100$ WE und $\frac{k}{1+\nu} = 0{,}0243$ an, so wird

$$\varDelta G_{1a} = 0{,}0243\, \frac{0{,}75 \cdot 216}{0{,}54 \cdot 100} = 0{,}0729\,, \qquad G_{(+)1a} = 6{,}26 \text{ kg/kWh,}$$

$$\varDelta G_{1a}' = 0{,}0837\,, \qquad G'_{(+)1a} = 5{,}51 \text{ kg/kWh,}$$

$$G_{(+)1a} - G_{(-)1a} = \text{konst.} = 0{,}42 \text{ kg/kWh.}$$

Ferner ist das Verhältnis der Verbrauchsdifferenzen

$$\chi_{1a} = \frac{\dfrac{G_{(+)} - G'_{(+)}}{G_{(+)}}}{\dfrac{G_{(-)} - G'_{(-)}}{G_{(-)}}} = \frac{1}{\varDelta G + 1} = 0{,}933\,,$$

d. h. bei einer Verbesserung des spezifischen Verbrauches der Hauptturbine um 12,9 vH, bezogen auf Betrieb ohne Hilfsturbine, ergibt sich nur eine Verbrauchsverbesserung von $0{,}933 \cdot 12{,}9 = \backsim 12{,}0$ vH bei Betrieb einschließlich Hilfsturbine. Die Wirtschaftlichkeit nimmt ab.

Für den Betriebsfall II treffen wir die Annahme, daß der Eintrittsdruck p_r des Abdampfes der Hilfsturbine in die Hauptturbine bei

Betrieb mit 12 at (Üb.) $p_r = 4{,}75$ At (abs.)
und bei „ „ 25 „ „ $p_r = 5{,}15$ „ „

betrage. Durch diese Annahme ist gewährleistet, daß das ND-Gefälle $H_2 \cong 162$ WE in beiden Fällen gleich bleibt. Aus dem $\overline{JS}$-Diagramm ergibt sich weiter

$$H_1 = 54 \text{ WE}\,, \quad \lambda_1 = 0{,}25\,, \quad \varDelta\lambda_1 = -0{,}097\,,$$
$$H_1' = 86 \text{ „} \quad \lambda_1' = 0{,}347\,.$$

Die Abkürzung a wird

$$a = \frac{\eta_1 - \eta_k}{\eta_k} = 0{,}30\,.$$

Da der Klammerausdruck in Gleichung (77) verschwindet, können die Gleichungen (77a), (78a), (79a) herangezogen werden, und es beträgt

$$e_2' = +0{,}11 \quad \text{oder genauer} \quad e_2 = +0{,}114\,,$$
$$\gamma_2' = -0{,}02 \qquad \gamma_2 = -0{,}0175\,,$$
$$\chi_2' = \sim +1{,}0 \qquad \chi_2 = +0{,}99\,.$$

Die Wirtschaftlichkeit nimmt somit um etwa 1,75 vH ab.

Der spezifische Mehrverbrauch ist bei der 12-At-Anlage etwa $\Delta G_2 = 0{,}0289$, d. h. $G_+ = 6{,}01$ kg/kWh, bei der 25-At-Anlage sind diese Werte $\Delta G_2' = 0{,}0294$ und $G_+' = 5{,}24$ kg/kWh.

Um das Beispiel auch für den Betriebsfall IV anzuwenden, sei die Annahme getroffen, daß die Mitteldruckhöhe ebenfalls unveränderlich bleibt, und zwar gleich $H_2 = 54$ WE gesetzt werden kann.

Dann ist $$\lambda_1 = \frac{\eta_1 H_1}{\eta_0 H_0} = 0{,}25\,, \quad \text{somit} \quad \lambda_1 + \lambda_2 = 0{,}50 = \lambda_3$$

und $$\lambda_2 = \frac{\eta_2 H_2}{\eta_0 H_0} = 0{,}25\,.$$

Bei einer Druck- und Temperaturerhöhung zu Beginn der Expansion auf die obengenannten Werte wird

$$\lambda_1' = \frac{\eta_1}{\eta_0} \cdot \frac{H_1'}{H_0'} = 0{,}347\,, \quad \lambda_3' = 0{,}565\,,$$

$$\lambda_2' = \frac{\eta_2}{\eta_0} \cdot \frac{H_2}{H_0'} = 0{,}218\,, \quad \Delta\lambda_3' = -0{,}065\,.$$

Mit diesen Zahlen ergeben sich nach den genauen Formeln:

$$e_4 = +\,0{,}12\,,$$
$$\gamma_4 = -\,0{,}01\,,$$
$$\chi_4 = \sim 1{,}0\,.$$

Die Wirtschaftlichkeit dieser Schaltung ist höher als im Fall II. Die relative Änderung der Dampfverbräuche bei Betrieb mit Hilfsturbine ist ungefähr gleich jener des Betriebes ohne Hilfsturbine.

Die folgende Zahlentafel enthält die Zusammenstellung aller Werte.

Zahlentafel 13. **Einfluß des höheren Anfangsdruckes und der höheren Anfangstemperaturen.**

Betriebsfall		I	Ia	II	III	IIIa	IV
$G_{(-)}$	kg/kWh	5,84	5,84	5,84	5,84	5,84	5,84
$G'_{(-)}$	„	5,09	5,09	5,09	5,09	5,09	5,09
$G_{(+)}$	„	6,13	6,26	6,01	6,06	6,19	6,02
$G'_{(+)}$	„	5,34	5,51	5,24	5,28	5,39	5,24
ΔG	„	0,0497	0,0729	0,0289	0,037	0,06	0,030
$\Delta G'$	„	0,0497	0,0837	0,0294	0,037	0,06	0,0303
e	„	0,129	0	0,114	0,129	0,129	0,12
γ	„	0	−0,148	−0,0175	0	0	−0,01
χ	„	1	0,933	0,99	1	1	1

In der Praxis wird aber eine Erhöhung der Anfangsdrücke und Temperaturen auch von einer Veränderung der Wirkungsgrade der Haupt- und Hilfsturbine begleitet sein. In der Regel kann angenommen werden, daß sich mit zunehmendem Druck die Wirkungsgrade infolge der größeren Undichtheiten verringern, mit zunehmender Temperatur aber erhöhen werden. Bei kleinen Einheiten überwiegen die erstgenannten Verluste, so daß immer mit einer kleinen Verringerung des Hauptturbinenwirkungsgrades gerechnet werden muß. Die einfacher gebaute Hilfsturbine ist für diese Einflüsse empfindlicher, so daß bei genauer Rechnung diese berücksichtigt werden müßten.

Da aber auch der Kraftbedarf der Kondensationspumpen infolge der bei höheren Drücken kleiner werdenden Dampfmenge D geringer wird, so ist die eingangs getroffene Annahme zu berichtigen. Es ist also auch das Verhältnis K als veränderlich anzusehen, so daß bei den Fällen, in welchen $\gamma = 0$ war, genau genommen eine geringe Abnahme von ΔG eintritt. Es wird dann $\gamma > 0$.

Es folgt hieraus, daß die Wirtschaftlichkeit der Schaltung durch die sich gegenüberstehenden Momente in günstigem Sinne beeinflußt werden kann. In den seltensten Fällen aber wird der Hilfsturbinenantrieb durch Erhöhung der Eintrittsverhältnisse in seinem spezifischen Mehrverbrauch günstiger werden. Allgemein können wir immer annehmen, daß

$$\Delta G' \geqq \Delta G$$

ist, so daß der Wirtschaftlichkeitsfaktor $\gamma' \leqq 0$ wird.

Vergleichen wir ferner diese Verhältnisse mit den Werten, die sich bei elektrischem Antrieb, etwa in der auf S. 54 geschilderten Weise, ergeben, so erhalten wir mit $\eta_{\text{mot}} = 0{,}90$ für den Fall der Kleinanlage

$G_{(-)} = 5 \cdot 84$ kg/kWh, $G_{(+)} = 6{,}02$ kg/kWh, $\Delta G = 0{,}0307$, $\gamma = 0$, $\chi = 1$,
$G'_{(-)} = 5 \cdot 09$ „ , $G'_{(+)} = 5{,}25$ „ , $\Delta G' = \Delta G$; $e = 0{,}129$,
$n_e = 55{,}2$ kW, $N_e = 2000$ kW, $k_e = 0{,}0276$, $k = 0{,}0265$,

also somit ähnliche Werte wie im Betriebsfall II. Eine Erhöhung der Eintrittszustände hat, wie Gleichung (33) zeigt, keinen Einfluß auf den Mehrverbrauch ΔG, wenn von einer Veränderung der Hilfsleistung n_e abgesehen wird.

Da aber mit abnehmendem Dampfgewicht auch die Leistung der Kondensationspumpen kleiner wird, so wird

$$\Delta G' < \Delta G.$$

Es sei z. B. $k' = 0{,}023$ geworden entsprechend $k'_e = 0{,}024$, $n'_e = 48$ kW, so daß

$\Delta G' = 0{,}0266$,
$G'_{(+)} = 5{,}23$ kg/kWh oder bei Annahme von $\eta'_0 = 74$ vH,
$G''_{(+)} = 5{,}30$ „

wird. Es ergibt sich weiter

$$e = \sim 0{,}2, \qquad \gamma = +0{,}13, \qquad \chi = \sim 1{,}01$$

bei Antrieb der Pumpen mittels Motor, welcher vom Hauptgenerator gespeist wird.

Aus den Zahlentafeln 12 und 13 kann entnommen werden, daß der Fall II den geringsten spezifischen Mehrverbrauch ΔG aufweist. Die Tafelwerte sind bei genauer Rechnung zu berichtigen, und zwar

1. durch die Verkleinerung der Leistung n_e,
2. durch Verschlechterung der beiden Wirkungsgrade η_1 und η_k,

so daß z. B. $\eta_1 = 69$ vH, $\eta_k = 52$ vH angenommen sei. Dann würde für den 2. Fall

$$\Delta G_2' = 0{,}0283\,, \qquad G_{(+)2}' = 5{,}31\ \text{kg/kWh}\,, \qquad G_{(-)}' = 5{,}16\ \text{kg/kWh}\,,$$
$$e_2 = 0{,}135\,, \qquad \gamma_2 = +\,0{,}0\,, \qquad \chi_2 = \sim 1{,}0\,,$$

wobei $\eta_0' = 74$ vH gesetzt ist, um wieder auszudrücken, daß die Undichtheitsverluste bei höherem Druck überwiegen. Unter diesen Annahmen kann $\gamma > 0$ eintreten.

Es wird daher von Fall zu Fall untersucht werden müssen, ob durch Erhöhung der Eintrittszustände sich nicht ungünstigere Verhältnisse ergeben. Der elektrische Antrieb dürfte in der Mehrzahl der Fälle, wie auch oben gezeigt, dem Antrieb mittels Hilfsturbine vorzuziehen sein. Aber nicht nur in Hinsicht auf eine evtl. Dampfersparnis, sondern unter Umständen auch aus betrieblichen Gründen, die insbesondere gegen eine Anordnung nach Fall II sprechen. Schließlich wurde schon erwähnt, daß die wärmewirtschaftliche Beurteilung eines Betriebsfalles hiermit noch nicht abgeschlossen ist, sondern vielmehr noch der im nächsten Abschnitt dargelegten Vergleichsgrundlagen bedarf.

b) Qualitative Vergleichsgrundlagen.

Mit der Frage der Hilfsmaschinenantriebe ist auch die Frage der Abwärmeverwertung im Kraftwerksbetrieb eng verknüpft.

Die neuzeitliche Kraftanlage braucht ununterbrochen einen gewissen Anteil ihrer Kohlenwärme in Gestalt von Frischdampf, Anzapf- oder Abdampf für Rohwassererzeugung, Vorwärmung des Speisewassers, zur Heizung usw. Zu diesen Zwecken wird heute fast ausschließlich Abdampf verwendet, der in den Hochdruckstufen der Hauptturbine oder aber in der Hilfsturbine auf den Verdampfer-, Vorwärmerdruck usw. arbeitsleistend entspannt wurde. Man hat hier ein Beispiel der Kupplung von Kraft- und Wärmewirtschaft im kleinen, indem sämtliche Heizdampfmengen krafterzeugend in den Hochdruckstufen ausgenutzt werden.

Die Lieferung des für die verschiedenen Wärmezwecke der Zentrale nötigen Heizdampfes kann auf folgende drei Arten vor sich gehen:

1. Von der Hauptdampfleitung als Frischdampf,
2. von Stufen der Hauptturbine als Anzapfdampf,
3. von der oder den Hilfsturbinen als Abdampf.

Wir stellen uns wieder eine wärmedichte Kraftanlage einfachster Art vor, etwa bestehend aus dem Kessel, der Hauptturbine, dem Kondensator, der Hilfsturbine und aus einem Vorwärmer, in welchem das Speisewasser von der Kondensattemperatur t_c auf die Temperatur t_1 erwärmt wird. In den folgenden Betrachtungen können an Stelle der Flüssigkeitswärmen q_e, q_1 auch die vorgenannten Temperaturen gesetzt werden.

1. Vorwärmung mit Frischdampf.

Es bezeichne

i_0 den Wärmeinhalt des Frischdampfes in der Hauptdampfleitung,
D die Kondensatmenge einschließlich Hilfsturbinendampfmenge,
q_c die Flüssigkeitswärme des Kondensates entsprechend der Temperatur t_c,
q_1 die Flüssigkeitswärme des Kondensates nach erfolgter Vorwärmung (t_1),
a_1 die Heizdampfmenge.

In den Vorwärmer treten D kg/h Kondensat ein, welche durch die Frischdampfmenge a_1 um $(t_1 - t_c)°$ C erwärmt werden. Die Heizdampfmenge a_1 kondensiert hierbei, so daß die Wärmegleichung ohne Rücksicht auf Verluste besteht:

$$D(q_1 - q_c) = a_1(i_0 - q_1)\,. \tag{80}$$

In den Kessel zurückgeführt werden somit $(D + a_1)\,q_1$ WE, so daß beim Kesselwirkungsgrad $= 1$ neu aufzubringen sind:

$$W_1 = (D + a_1)\,(i_0 - q_1)$$

oder

$$W_1 = D(i_0 - q_c)\,. \tag{81}$$

Einen wärmewirtschaftlichen Nutzen bringt die Vorwärmung mit Frischdampf nicht. Die aufzuwendende Dampfwärme W_1 ist vom Heizdampfgewicht und der Vorwärmeendtemperatur unabhängig. Sie kommt nur dann in Frage, wenn Überschußdampfmengen zur Vorwärmung herangezogen werden[1]). Hinter dem Vorwärmer wird dann ein Speiseraumspeicher vorgesehen, welcher den schwankenden Heißwasserstrom aufnimmt. Bei der Ausführung des Siemens-Speiseraumspeichers wird der Überschußdampf durch ein automatisches Überströmventil in einen

[1]) In den folgenden Abb. 26, 28 und 30 ist durch die Leitung l_1 angedeutet, daß in den Fällen, in welchen eine Vorwärmung durch Dampf aus der Leitung l_3 nicht in Frage kommt, gedrosselter Frischdampf von der Hauptdampfleitung zum Vorwärmer geführt werden kann. Es ist hierdurch die Möglichkeit geboten, überschießende Frischdampfwärme, die nicht in der Turbine ausgenutzt werden kann, dem Wärmefluß wieder zuzuführen.

Mischvorwärmer geleitet, in welchem bei gleichbleibender Temperatur ein Niederschlagen eintritt. Der Kessel wird dann dauernd heiß gespeist und gibt eine konstante Dampfmenge ab. Der Wirkungsgrad bleibt daher unverändert günstig. Diese Anordnung ist auch in Verbindung mit den weiter folgend beschriebenen Schaltungsarten anwendbar[1]). (DRP. Nr. 409274 nach Dr. Stender-S. S. W.) Bezeichnet N_e die Nutzleistung der Anlage in kW, so kann auch die aufzuwendende Wärmemenge je kW ausgedrückt werden

$$w_1 = \frac{W_1}{N_e} = G_{(+)}(i_0 - q_c), \quad (82)$$

worin $G_{(+)}$ wieder den spezifischen Gesamtdampfverbrauch einschließlich Hilfsbetriebe bedeutet.

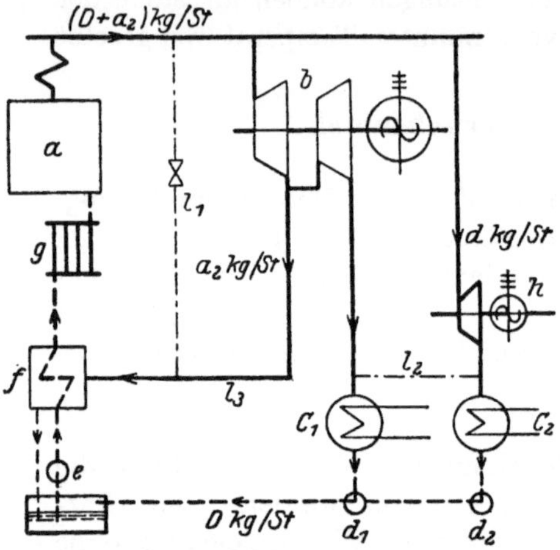

Abb. 26. Vorwärmung durch Anzapfdampf aus der Hauptturbine (Betriebsfall II).

2. Vorwärmung durch Anzapfdampf aus der Hauptturbine (Abb. 26).

In Abb. 26 bedeutet *a* die Kesselbatterie, welche ihren Dampf in die Hauptturbine *b* abgibt. Nach Arbeitsleistung im Hochdruckzylinder wird ein Teil dieses Dampfes durch die Leitung l_3 dem Vorwärmer *f* zugeführt, in welchem die Vorwärmung des Speisewassers von der Temperatur t_{ck} auf t_1 erfolgt. *h* ist die Hilfsturbine, welche hier auf eigene Kondensation arbeitend angenommen ist, wie dies z. B. bei den sog. Hausturbinen in größeren Kraftwerken der Fall ist. *g* ist ein Rauchgasvorwärmer.

An Stelle des einen Vorwärmers *f* können u. U. auch mehrere Vorwärmer treten, entsprechend einer mehrfachen Anzapfung der Hauptturbine. Die Grenze würde erreicht, wenn die Vorwärmung auf die Siedetemperatur des Kesselspeisewassers beim Kesseldruck getrieben werden könnte. Voraussetzung ist hierbei, daß an Stelle des Rauchgasvorwärmers ein anderer Apparat tritt, der den Temperaturfall der Abgase ausnutzt (Lufterhitzer, Trockner usw.).

In den Vorwärmer werden von den Kondensatoren $D \cdot q_c$ Wärmeeinheiten geleitet. Die Flüssigkeitswärme q_c wird auf q_1 gebracht; die Anzapfmenge a_2 kg/h wird in dem Vorwärmer niedergeschlagen und

[1]) Näheres hierüber und über die Frage des Ekonomiserbetriebes in „Der Wärmefluß in Dampfkraftwerken" von Gleichmann. Mitteil. d. Ver. d. Elektr. Werke. Festschrift Juni 1925.

ihre verfügbaren Wärmeeinheiten verlustlos vom Speisewasser aufgenommen. Es besteht dann die Gleichung

$$\left.\begin{aligned}(D + a_2)(q_1 - q_c) &= a_2(i_{a_1} - q_c)\\ D(q_1 - q_c) &= a_2(i_{a_1} - q_1)\,.\end{aligned}\right\}\qquad(83)$$

oder

Hierin bedeuten

D die in den Kondensatoren erscheinende Dampfmenge, einschließlich der Dampfmenge der Hilfsmaschinen, deren Schaltungsart vorläufig gleichgültig ist (Betriebsfälle I bis IV des vorigen Abschnittes),

i_{a_1} den Wärmeinhalt des Anzapfdampfes an der Austrittsstelle der Hauptturbine b.

Es sind neu zu erzeugen:

$$\begin{aligned}W_2 &= (i_0 - q_1)(D + a_2) = i_0(D + a_2) - (a_2 i_{a_1} + D q_c)\ \text{WE/h},\\ &= D(i_0 - q_c) + a_2(i_0 - i_{a_1}) = D(i_0 - q_c) + l\,,\end{aligned}\qquad(84)$$

also lediglich die zum Dampfgewicht D gehörigen Wärmemengen, und zwar so, als ob keine Vorwärmung stattfände, zuzüglich dem Wärmewert der inneren Leistung der Anzapfdampfmenge a_2 im Hochdruckteil der Hauptturbine. Es ist

$$l = a_2(i_0 - i_{a_1}) = a_2 H_1 \eta_1\,. \qquad (85)$$

Beträgt ferner der Dampfverbrauch der Anlage einschließlich des Dampfbedarfes der Hilfsmaschinen $G_{(+)}$ kg/kWh bei einer Nutzleistung N_e in kW, jedoch ohne Anzapfung der Hauptturbine, so wird sich dieser Wert bei der gleichen Leistung und bei einer Anzapfung von a_2 kg/st zu Vorwärmzwecken in $G'_{(+)}$ abändern. Da die Dampfmenge a_2 im Niederdruckteil der Hauptturbine nicht arbeitet, ist der Verbrauch $G'_{(+)}$ größer als $G_{(+)}$. Diese beiden Werte sind angenähert durch die Beziehung

$$G'_{(+)} = G_{(+)} + \frac{a_2}{N_e}(1 - \lambda_1) \qquad (86)$$

verbunden. Hierin bedeutet $\lambda_1 = \dfrac{\eta_1 H_1}{\eta_0 H_0}$ den Leistungsanteil des Hochdruckteiles bis zur Anzapfstufe. Es folgt dann für den spezifischen Wärmeaufwand $w_2 = \dfrac{W_2}{N_e}$

$$w_2 = \frac{W_2}{N_e} = G_{(+)}(i_0 - q_c) - \frac{a_2}{N_e}\lambda_1(i_0 - q_c - \eta_0 H_0)\,, \qquad (87)$$

wenn vollständige Wärmedichtheit vorausgesetzt wird. Der zweite Klammerausdruck ist stets positiv, so daß bei Anwendung der Anzapfvorwärmung aus der Hauptturbine immer eine Ersparnis — gleichen Kesselwirkungsgrad angenommen — gegenüber der Frischdampfheizung oder dem Betriebe ohne Vorwärmung erzielt wird.

Bei unendlich vielen Vorwärmstufen ergibt sich ein Minimum an aufzuwendender Dampfwärme, und zwar erhalten wir mit den Beziehungen auf S. 89

$$w_{2,\infty} = G_{(+)}(i_0 - q_c) - \frac{(i_0 - q_c - \eta_0 H_0)}{N_e} \int_0^1 \int_0^D d\lambda_1 da\,, \tag{87a}$$

$$= G_{(+)}(\eta_0 H_0) = \frac{860}{\eta_g \eta_m} \left[1 + K_e \frac{\eta_g \eta_m}{\eta_g' \eta_m'}\right] \tag{87b}$$

als Grenzwert bei einer Turbinenanlage, deren Leistung im Gegendruckbetrieb mit unendlich vielen Vorwärmstufen erzielt wird.

Die Höhe der Vorwärmung ist durch den Heizdampfdruck, also auch durch λ_1 bestimmt. Nehmen wir an, daß das Speisewasser infolge ideell gedachten Wärmeaustausches bis auf die dem Heizdampfdruck entsprechende Sättigungstemperatur gebracht werden kann, so können wir in Abb. 27, die für weiter unten angeführte Beispiele entworfen wurde, die Abhängigkeit der höchstmöglichen Erwärmung des Speisewassers von der Lage der Anzapfstelle darstellen. Als Abszisse ist λ_1, als Ordinate Δt_m aufgetragen. Die Kurve a stellt den spezifischen Wärmeaufwand je kg Kesseldampf bei einer Vorwärmung auf eine Temperatur, die um 5 vH unter der Sattdampftemperatur liegt, vor. Die Kurve b bezieht sich auf verlustlose Vorwärmung.

In Gleichung (87) können wir a_2 eliminieren, indem wir

$$a_2 = N_e \cdot G_{(+)} \frac{\Delta t}{i_0 - q_c - \eta_1 H_1 - (1 - \lambda_1)\Delta t} \tag{86a}$$

setzen, so daß der spezifische Wärmeaufwand in kg/kWh

$$w_2 = G_{(+)} \left[(i_0 - q_c) - \frac{\lambda_1 \Delta t (i_0 - q_c - \eta_0 H_0)}{i_0 - q_c - \eta_1 H_1 - (1 - \lambda_1)\Delta t}\right] \tag{88}$$

wird. Hierin ist nach Abb. 27 λ_1 eine Funktion von $\Delta t = \Delta t_m$, die durch die Bauart der Turbine bestimmt wird, also von Fall zu Fall verschieden ist.

Beispiel. Im folgenden soll der Dampf-Wärmeverbrauch einer 10 000-kW-Anlage berechnet werden, deren Hilfsturbine für eine Leistung von 186 kW mit eigenem Generator bei reinem Kondensationsbetrieb rund 1170 kg/h Dampf benötigt. Der Betriebsdruck der Haupt- und Hilfsturbine sind ebenso wie die Eintrittstemperatur gleich angenommen worden, und zwar sind folgende Werte der Abb. 27 zugrunde gelegt:

Leistung N_e=10 000 kW	Anfangsdruck p_0=21 at (Üb.) } Wärmeinhalt $i_0 = 761$
„ n_e= 186 „	Anfangstemperatur $t_0 = 375°$ C }
k_e=0,0186	Enddruck $p_c = 0{,}035$ At (abs.)
	Kondensattemperatur $t_c = 23°$ C ($q_c = 23$ WE/kg)

Inneres Gefälle der Hauptturbine $\eta_0 H_0 = 219$ WE	Mech. Wirkungsgrad der Hauptturbine $\eta_m = 0{,}98$
Inneres Gefälle der Hilfsturbine $\eta_{k_0} H_0 = 158$ „	Mech. Wirkungsgrad der Hilfsturbine $\eta'_m = 0{,}96$
Generatorwirkungsgrad $\eta_g = 0{,}95$ (Hauptgenerator)	Dampfverbrauch ausschließl. Hilfsturbine $G_{(-)} = 4{,}22$ kg/kWh
Generatorwirkungsgrad $\eta'_g = 0{,}90$[1]) (Hilfsgenerator)	Dampfverbrauch einschließl. Hilfsturbine $G_{(+)} \cong 4{,}35$ „

Gesamte Dampfmenge $D + d \cong 43{,}5$ t/h (ohne Anzapfung der Hauptturbine).

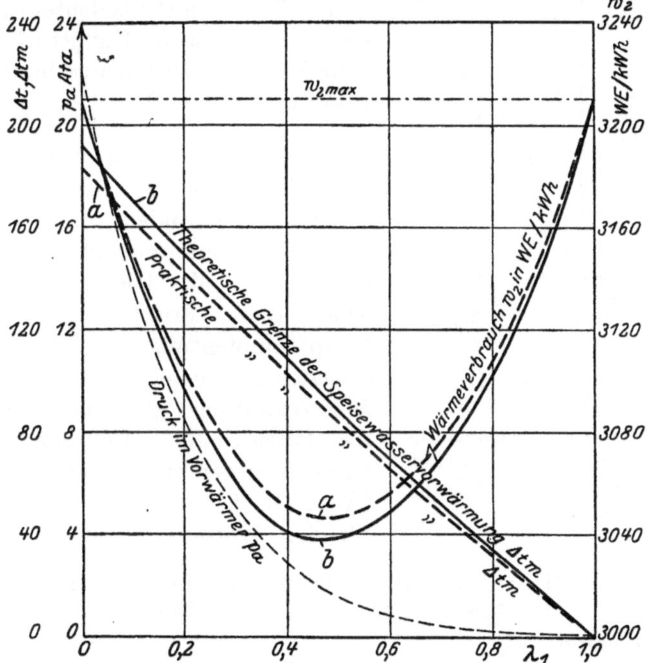

Abb. 27. Vorwärmung mittels Anzapfdampf aus der Hauptturbine (Betriebsfall II) Wärmeverbrauch.

Für $\lambda_1 = 0$ wird für Δt_m ein Maximum erreicht. Es ist dann $t_1 = 216°$ C, $\Delta t_{\max} = 193°$ C. Wird $\lambda_1 = 1$, so ist $\Delta t_m = 0$.

In der Abb. 27 ist der spezifische Wärmeverbrauch $\frac{w_2}{G_{(+)}}$ in WE/kg Dampf in den Kurven a und b dargestellt. Man erkennt, daß der Wärmeaufwand in der Nähe von $\lambda_1 = \sim 0{,}5$ ein Minimum hat. Der entsprechende Druck ist etwa 1,6 At (abs.).

Wird z. B. $\lambda_1 = 0{,}56$ gewählt, bei einem zugehörigen Anzapfdruck $p_a = 1{,}0$ At, so ist $\Delta t_m = 76°$ C und der spezifische Wärmeverbrauch bei verlustloser Vorwärmung

$$w_2 = 3045 \text{ WE/kWh}$$

[1]) Treibt die Hilfsturbine die Pumpen direkt an, so ist für n die entsprechend kleinere Leitung zu setzen.

und das Heizdampfgewicht a_2 aus Gleichung (86a)

$$a_2 = 5680 \text{ kg/h}$$

(unter Annahme der in Abb. 27 dargestellten Abhängigkeit p_a von λ_1).

Aus Gleichung (88) folgt, daß der Schaltung der Vorzug zu geben ist, bei welcher $G_{(+)}$ ein Minimum wird. Die Aufgabe ist hierdurch auf die frühere zurückgeführt, ein günstigstes $G_{(+)}$ zu bestimmen, da der Klammerausdruck in Gleichung (88) von den Verhältnissen in der Kleinturbine unabhängig ist.

In allen Formeln bedeutet $G_{(+)}$ den Dampfverbrauch der Hauptturbine einschließlich Hilfsturbinenverbrauch bei anzapflosem Betrieb.

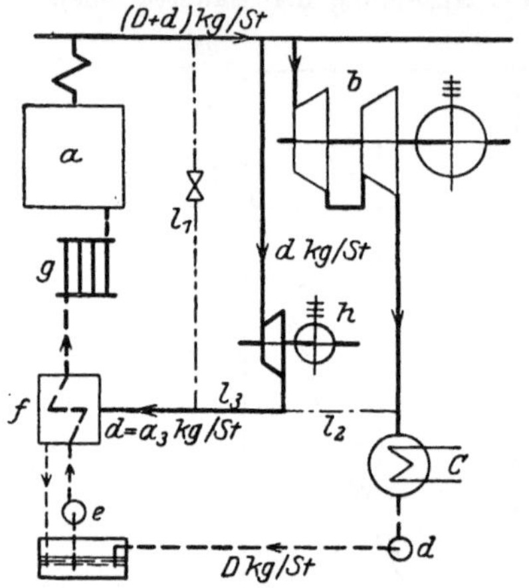

Abb. 28. Vorwärmung mittels Abdampf der Hilfsturbine. Betrieb der letzteren mit Frischdampf (Betriebsfall III).

Vorwärmung durch den Abdampf der Hilfsturbine. Es sind zwei Möglichkeiten vorhanden, den Abdampf der Hilfsturbine auszunutzen. Entweder erhält die Hilfsturbine in üblicher Weise Frischdampf aus der Hauptdampfleitung und gibt nach erfolgter Arbeitsleistung denselben an den Vorwärmer ab (Abb. 28), oder die Hilfsturbine wird mit Anzapfdampf aus der Hauptturbine gespeist (Abb. 30). Demgemäß sind die Werte für den Wärmeaufwand verschieden.

3. Betrieb der Hilfs- oder Hausturbine mit Frischdampf, Heizung des Vorwärmers mit dem Abdampf.

Es bezeichne

D in kg/h	das Kondensat der Hauptturbine,
$a_3 = d$ „ „	den Dampfbedarf der Hilfsturbine bei Arbeiten derselben auf den Vorwärmerdruck p_a,
N_e „ kW	die Nutzleistung des Hauptturbosatzes,
n_e „ „	die nötige Nutzleistung der Hilfs- oder Hausturbine,
η_m, η_g	den mechanischen und Generatorwirkungsgrad der Hauptturbine,
η_m', η_g'	den mechanischen und Generatorwirkungsgrad der Hilfsturbine,
$i_a = i_0 - \eta_k h_k$	den Wärmeinhalt des Abdampfes der Hilfsturbine.

Die in dem verlustlos arbeitenden Vorwärmer zurückgewonnene Wärmemenge beträgt

$$(D + d)\, q_1 = d\,(i_0 - \eta_k h_k) + D q_c\,. \tag{89}$$

Es ist daher aufzuwenden

$$W_3 = (i_0 - q_1)(D + d) = D(i_0 - q_c) + d\eta_k h_k . \qquad (90)$$

Da aber auch

$$d\eta_k h_k = l = \frac{860\, n_e}{\eta_g' \eta_m'} \qquad (91)$$

dem Wärmewert der inneren Hilfsturbinenleistung entspricht und für $\frac{D}{N_e} = G_{(-)}$ gesetzt werden kann, so entsteht für den Wärmebedarf je Leistungseinheit

$$w_3 = \frac{W_3}{N_e} = G_{(-)}(i_0 - q_c) + 860\left(\frac{k_e}{\eta_g' \eta_m'}\right) \text{ in WE/kWh.} \qquad (92)$$

Hierin ist $k_e = \frac{n_e}{N_e}$; der Wärmebedarf ist somit unabhängig von der Höhe der Vorwärmung, vorausgesetzt nur, daß das Speisewasser die anfallende Abdampfwärme voll aufnimmt.

In den obigen Formeln können wieder die Flüssigkeitswärmen q_c des Kondensates und q_1 des vorgewärmten Speisewassers durch die entsprechenden Temperaturen t_c und t_1 ersetzt werden. w_3 wird um so kleiner, bei sonst unveränderten Verhältnissen, je geringer k_e und je größer η_g' und η_m' werden.

Die Vorwärmung wird wieder durch die zum Druck p_a des Vorwärmers gehörige Sättigungstemperatur bestimmt. Wird also der Gegendruck der Hilfsturbine (p_a) angenommen, so ist dadurch schon die höchstmöglichste Erwärmung des Speisewassers Δt_m gegeben. Andererseits ist für die Vorwärmung Δt die Beziehung

$$\Delta t = \frac{\eta_g \eta_m}{\eta_g' \eta_m'} k_e \cdot \frac{(i_0 - q_c - \eta_k h_k)}{\left(\frac{\eta_g \eta_m}{\eta_g' \eta_m'} k_e + \frac{\eta_k h_k}{\eta_0 H_0}\right)} \qquad (93)$$

abzuleiten.

Bezeichnen wir $\frac{\eta_k h_k}{\eta_0 H_0}$ mit λ_k und $\frac{\eta_g \eta_m}{\eta_g' \eta_m'} k_e$ mit k, so kann Gl. 93 auch geschrieben werden

$$\Delta t = k \frac{(i_0 - q_c - \eta_k h_k)}{k + \lambda_k} . \qquad (93\text{a})$$

Andererseits ist ein Zusammenhang zwischen dem Vorwärmerdruck p_a, der höchstmöglichen Vorwärmung Δt_m und dem Gefälle $\eta_k h_k$ vorhanden. Diese Abhängigkeit ist in Abb. 29 für ein bestimmtes Beispiel (S. 90) dargestellt, und zwar ist der Grenzwert Δt_m über dem Verhältnis $\lambda_{k_0} = \frac{\eta_k h_k}{\eta_{k_0} h_{k_0}}$ aufgetragen. $\eta_{k_0} h_{k_0}$ entspricht dem inneren Gefälle der Hilfsturbine bei höchstem Vakuum in dem Vorwärmer. Im allgemeinen wird $h_{k_0} \backsim H_0$ sein. Die Kurve *a* gilt für die Annahme, daß die praktisch erreichbaren Vorwärmtemperaturen 5 vH unter den theoretisch möglichen Werten liegen (Kurve *b*).

In Abb. 29 ist ferner die Annahme getroffen, daß der Hilfsturbinenwirkungsgrad η_k sich mit zunehmendem Gefälle h_k verschlechtert. In der folgenden Tabelle sind alle wichtigen Werte zusammengestellt:

Ausgangspunkt wie im vorigen Beispiel 21 at (Üb.), 375° C, Luftleere 0,035 At. $N_e = 10000$ kW. $\eta_0 H_0 = 219$ WE. $G_{(-)} = 4{,}22$ kg/kWh.

	Kurve I	Kurve II
k_e	0,0186	0,05
$\frac{\eta_g \eta_m}{\eta'_g \eta'_m}$	1,077	1,043
η_k verändert sich	von 60 auf 64 %	von 68 auf 72 %

Kurve I stellt die aus Gleichung (93) bzw. (93a) gewonnenen Formelwerte $\varDelta t$ für eine kleine Hilfsturbinenleistung ($k_e = 0{,}0186$) vor. Dies würde dem normalen Betrieb der Kondensationspumpen mittels Hilfsturbine entsprechen. Zum Vergleich hierzu ist Kurve II für eine große Hilfsturbinenleistung ($n_e \backsim 500$ kW) entwickelt worden, welche Annahme z. B. im Fall der getrennt aufgestellten Hausturbine in Frage käme. Es würden dann zwar größere Hauptturbinenleistungen für die praktische Ausführung einzusetzen sein, aber das Verhältnis k_e bleibt etwa bestehen, so daß die Form der Kurve II, da sie über Verhältniszahlen aufgestellt ist, auch dann noch ungefähr gelten würde.

Es folgt aus Abb. 29, daß die Vorwärmung $\varDelta t$ sich einerseits gemäß Formelwert der Gleichung (93) ergibt, andererseits aber auch die durch die Konstruktion der Hilfsturbine bedingte Abhängigkeit

$$\varDelta t_m = f(\lambda_{k_0}) \tag{94}$$

bestehen muß (Kurve *a* bzw. *b*). Beide Forderungen sind in den Schnittpunkten s_1 und s_2 erfüllt, in welchen $\varDelta t = \varDelta t_m$ wird. In der Abb. 29 ist die Kurve II mit der Kurve *a* (Grenztemperatur des Vorwärmers = 5 vH unter der dem Druck zugeordneten Sattdampftemperatur) zum Schnitt gebracht worden. Aus dem Kurvenverlauf können wir ersehen, daß ein Arbeiten der Hilfsturbine auf den Vorwärmer bei normalen Verhältnissen zwischen zwei Grenzdrucken möglich ist, welche sich aus den zu den Punkten s_1 und s_2 zugeordneten λ_{k_0}-Werten errechnen oder aus der Abb. 29 ablesen lassen.

Je größer die Hilfsturbinenleistung ist, desto näher fallen die beiden Schnittpunkte $s_1\, s_2$ zusammen, bis schließlich für einen gewissen k_e-Wert nur mehr eine Berührung der $\varDelta t_m$- und der $\varDelta t$-Kurve stattfindet. Bei noch weiter steigenden Leistungsverhältnissen k_e tritt dann kein Schnitt mehr ein, d. h. die Abdampfmenge ist bei jedem Druck p_a so groß, daß der Vorwärmer ständig dampfen würde.

Es entsteht also eine gewisse Einschränkung, die sich darin ausdrückt, daß bei einem bestimmten Leistungsverhältnis k_e der Hilfsturbinenwirkungsgrad einen unteren Grenzwert nicht übersteigen darf. Voraussetzung ist hierbei, daß die innere Gefällshöhe $\eta_k h_k$ stets kleiner ist als die zur Verfügung stehende adiabatische Gefällshöhe h_k. Aus Gleichung (93a) ergibt sich für das innere Gefälle der Hilfsturbine der Ausdruck

$$(\eta_k h_k) = \frac{k(i_0 - q_c - \Delta t)}{\frac{\Delta t}{\eta_0 H_0} + k}, \tag{95}$$

welcher durch Einsetzen von $\Delta t = \Delta t_m$ zum unteren Grenzwert umgeformt wird.

Beispiele. 1. Es sei bei einer Schiffsanlage der Leistungsbedarf der von einer Stelle aus elektrisch angetriebenen Hilfsmaschinen 10 vH des Gesamtkraftbedarfes. Dann wird bei sonst gleich angenommenen Werten wie in der Abb. 29 kein Schnitt mehr zustande kommen und die im Gegendruckbetrieb anfallende Hilfsdampfmenge für die Vorwärmung nicht mehr unterzubringen sein. Selbst eine Verbesserung der Hilfsturbinen-Wirkungsgrade bringt keine Abhilfe, denn z. B. bei einem Verdampferdruck $p_a = 2{,}2$ At(abs.) wird die maximale Vorwärmung $\Delta t'_m = 94{,}5°$, $\lambda_{k_0} = 0{,}495$ und der untere Grenzwert der inneren Gefällshöhe mit $K = 0{,}1077$ und $K_e = 0{,}100$, $\eta_{km} h_{km} = 128{,}5$ WE, während die adiabatisch zur Verfügung stehende Höhe nur 124,8 WE beträgt.

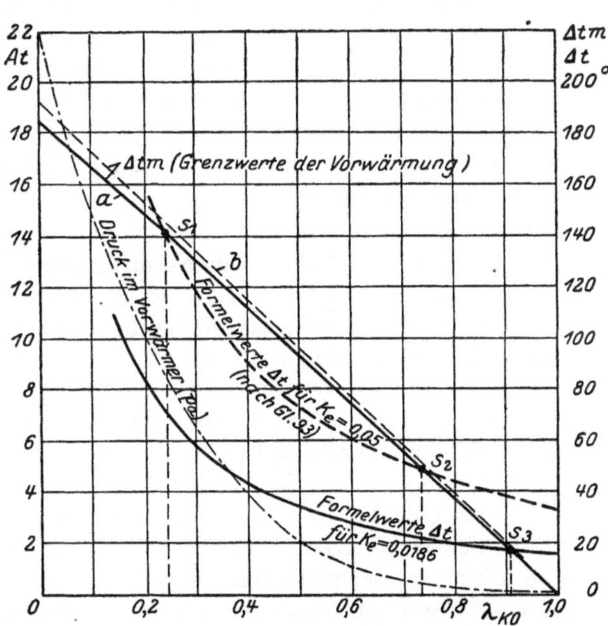

Abb. 29. Vorwärmung mittels Abdampf der Hilfsturbine (Betriebsfall III).

2. Die Gleichung (95) kann aber auch dazu dienen, die zulässigen unteren Grenzwirkungsgrade η_{km} in einem Bereich zwischen $s_1\, s_2$ zu bestimmen. So wäre z. B. für einen Vorwärmerdruck $p_a = 2{,}2$ At mit den Annahmen der Kurve II ein η_{km} zulässig, der sich aus

$$\eta_{km} h_{km} = \frac{0{,}0521\,(761 - 23 - 94{,}5)}{\frac{94{,}5}{219} + 0{,}0521} = \infty 69 \text{ WE}$$

rechnet zu

$$\eta_{km_{\text{I}}} = \frac{69}{124{,}8} = 55{,}3 \text{ vH statt } 71 \text{ vH der Kurve II.}$$

Für die Annahmen der Kurve I würde sich als unterster Grenzwert ergeben:

$$\eta_{km_{II}} = 22{,}9 \text{ vH statt } 62{,}9 \text{ vH der Kurve I.}$$

In allen Fällen ist aber der Wärmeaufwand für konstantes k_e gleichbleibend. Er war nach Gleichung (92)

$$w_3 = G_{(-)}(i_0 - q_e) + 860 \frac{k_e}{\eta'_g \eta'_m}.$$

Für den Fall I ($K_e = 0{,}0186$) wird $w_{3\text{I}} = 3114 + 18{,}5 = 3132{,}5$ WE/kWh
„ „ „ II ($K_e = 0{,}05$) „ $w_{3\text{II}} = 3114 + 48{,}3 = 3162{,}3$ „

Die im obigen beschriebene Schaltungsart ist auch identisch mit jener Anordnung, bei welcher der Abdampf der Hilfsturbinen durch das Kondensat der Hauptturbinen niedergeschlagen wird.

Wie aber aus Abb. 29 hervorgeht, besteht Gleichgewicht der Temperaturen nur in den Schnittpunkten. Da der Eigenkraftbedarf einer Zentrale geringen Schwankungen unterworfen ist, der Hauptturbosatz aber die Netzschwankungen aufnehmen muß, ist das Leistungsverhältnis k_e ständig veränderlich. Die Folge wäre eine stetige Veränderung der Vorwärmverhältnisse.

Wir unterscheiden hier:

1. Den Fall des Hilfsturbinen-Einzelantriebes.

Der Abdampf der Hilfsturbine wird gewöhnlich bei etwa atmosphärischer Spannung verarbeitet. Am einfachsten sichert man sich hier den Regelungsbereich, indem die Vorwärmung nicht bis auf die oben erwähnten Grenzwerte getrieben wird. Die Temperaturen ändern sich daher.

Nahezu unveränderte Temperatur im Vorwärmer wird man über einen gewissen Belastungsbereich durch Speicherung des Kondensates und Aufstellung eines Speiseraumspeichers schaffen können (s. S. 88).

2. Den Fall des Hausaggregates für den Eigenbedarf.

Die den Stromerzeuger für den Eigenbedarf antreibende Hausturbine wird mit einer oder mehreren Anzapfstellen versehen und gibt ihren gesamten Dampf zu Vorwärmzwecken ab. Die im Gegendrucke erzielbare Leistung übersteigt aber gewöhnlich den Eigenbedarf des Werkes, so daß eine Kupplung der Haussammelschiene mit dem Hauptnetz erforderlich wird. Eine konstante Vorwärmendtemperatur kann durch Anordnung einer Steuerung an der höchsten Entnahmestelle der Hilfsturbine oder aber auch bis zu einem bestimmten Grade durch die schon erwähnte Speicherung gesichert werden.

Einfacher wird die Anordnung aber bei erhöhter Betriebssicherheit, wenn die Verbindung der beiden Sammelschienen unterbleibt[1]), und

[1]) S. auch S. 3. Der elektrische Teil der Hilfsbetriebe wird in einer demnächst im gleichen Verlage erscheinenden Arbeit: „Versorgung des elektrischen Eigenbedarfs und elektrischer Antriebe in Großkraftwerken“ von Obering. Titze ausführlich beschrieben.

der Belastungsausgleich in der Hausturbine durch einen Niederdruckteil mit Kondensator erfolgt, der je nach den Betriebsverhältnissen mehr oder weniger Dampf erhält. Eine andere Lösung zur Wahrung der Unabhängigkeit der Eigenversorgung ist im Kraftwerk Toronto ausgeführt. Haupt- und Hausturbinen arbeiten gemeinsam mit gleichen Drucken auf Vorwärmer. Die Hausturbine liefert ausschließlich die Kraft für den Eigenbedarf. Durch eine entsprechende Steuerung gelingt es, unabhängig von der Belastung, unveränderliche Vorwärmung einzustellen[1]).

Da der Dampfverbrauch der Hauptturbine $G_{(-)}$ sich mit der Belastung etwa nach dem Gesetz

$$G_{(-)} = \alpha\left(1 + \frac{N_0}{N_e}\right) = \alpha(1 + \nu)$$

ändert, so wird

$$k_e = \nu \frac{n_e}{N_0}.$$

Es kann daher allgemein für den Dampfwärmeverbrauch w_3

$$w_3 = f_1(\nu) + f_2 \qquad (96)$$

gesetzt werden, mit f_1, f_2 als Festwerten. Der spezifische Wärmeverbrauch nimmt daher mit abnehmender Leistung bei einer Turboanlage mit gerader Kennlinie immer mehr zu.

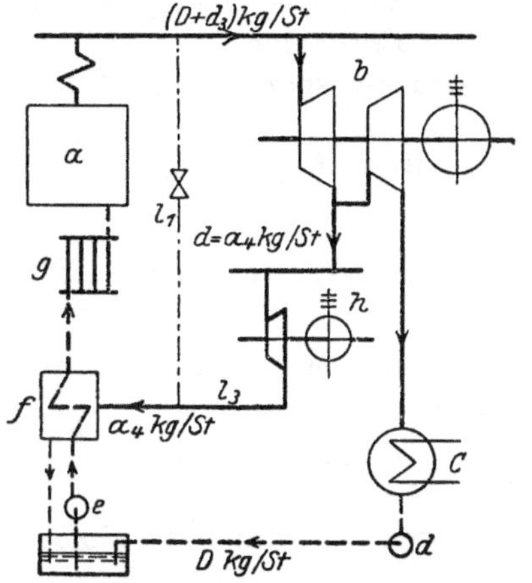

Abb. 30. Vorwärmung mittels Abdampfes der Hilfsturbine. Betrieb der letzteren mittels Anzapfdampf aus der Hauptturbine (Betriebsfall IV).

4. Betrieb der Hilfs- oder Hausturbine mit Anzapfdampf aus der Hauptturbine. Heizung des Vorwärmers mit dem Abdampf der Hilfsturbine.

Die Vorwärmung mittels Abdampf der Hilfsturbine, welche ihren Betriebsdampf aus einer Stufe der Hauptturbine erhält, zeigt schematisch Abb. 30.

Es bedeutet wieder *a* den Kessel, *b* die mit einer Anzapfstelle versehene Hauptturbine, aus welcher *a* kg Dampf je Stunde beim Druck p_1' [2]) zum Betrieb der Hilfsturbine *h* entnommen werden. Der Abdampf geht in den Vorwärmer *f*, wo Kondensation durch das als Kühlmittel verwendete Kondensat (*D* kg/st) der Hauptturbine erfolgt.

Die Hauptturbine benötigt zur Einhaltung einer bestimmten Leistung N_e jetzt eine größere Dampfmenge $(D + a_4)$ kg/st.

---

[1]) Power, 5. 1. 1926. Es ist $N_e = 33\,000$ kW, $n_e = 1500$ kW, $k_e = 0{,}0455$, die Anzapfdrucke 13,8 At, und 3,66 At, der Gegendruck der Hausturbinen 1,27 At, die Vorwärmendtemperatur 192° C.

[2]) Es wird der Einfachheit halber der Druck an der Anzapfstelle gleich dem Druck vor der Hilfsturbine angenommen.

Bezeichnet[1])

$\eta_1\, H_1$ das innere Gefälle der Hauptturbine bis zum Anzapfdruck p_1',

$\eta_K\, h_K$ das innere Gefälle der Hilfsturbine bis zum Vorwärmerdruck p_a,

$G_{(+)} = \frac{D + a_4}{N_e}$ kg/kWh den spez. Dampfverbrauch einschl. der Anzapfmenge für die Hilfsturbine,

$G_{(-)}$ den spez. Dampfverbrauch der Hauptturbine bei abgestellter Entnahme,

so wird der spez. Dampfwärmebedarf in WE je kWh

$$w_4 = G_{(+)}(i_0 - q_c) + \frac{a_4\,\eta_K\,h_K}{N_e} - \frac{a_4}{N_e}(i_0 - q_c - \eta_1 H_1)\,, \tag{97}$$

oder

$$w_4 = G_{(+)}(i_0 - q_c) + \frac{860\,k_e}{\eta_g'\,\eta_m'} - \frac{860\,k_e}{\eta_g'\,\eta_m'}\,\frac{(i_0 - q_c - \eta_1 H_1)}{\eta_K\,h_K}\,. \tag{97a}$$

Da $G_{(+)}$ sich gemäß Gl. 51 auf S. 65 durch $G_{(-)}$ ausdrücken läßt, indem

$$G_{(+)} = G_{(-)}\left[1 + \frac{k}{1+\nu}\left(\frac{\eta_2 H_2}{\eta_K\,h_K} + \frac{\nu\,\eta_0\,H_0}{\eta_K\,h_K - k\,\eta_1\,H_1}\right)\right]$$

zu setzen ist, wird nach einiger Umformung auch

$$w_4 = w_3 - \frac{860\,k_e}{\eta_g'\,\eta_m'}\cdot\frac{\eta_1 H_1}{\eta_K\,h_K}\cdot\left[\frac{i_0 - q_c}{\eta_0 H_0}\cdot\frac{1}{(1+\nu)}\left(1 - \frac{\nu\,k\,\eta_0\,H_0}{\eta_K\,h_K - k\,\eta_1\,H_1}\right) - 1\right]^{2)}. \tag{97b}$$

Da der Klammerausdruck in der Regel positiv ist, wird $w_4 < w_3$.

Durch den Druck im Vorwärmer p_a ist die Gefällsaufteilung $\eta_1\,H_1$ der Hauptturbine und $\eta_K\,\eta_K$ der Hilfsturbine gegeben. Bei verlustloser Vorwärmung ist daher die höchste zu erzielende Vorwärmtemperatur t_1 durch die zum Druck p_a gehörige Sattdampftemperatur bestimmt. Infolge unvermeidbarer Verluste aber wird die tatsächliche Endtemperatur des Speisewassers beim Austritt aus dem Vorwärmer etwas unter dieser Temperatur t_1 bleiben.

Andererseits ist die Vorwärmung $\Delta t = t_1 - t_c$ unter Annahme der Kondensation des Heizdampfes gegeben durch die Beziehung

$$\Delta t_4 = \frac{k\,\eta_0\,H_0\,(i_0 - q_c - \eta_1\,H_1 - \eta_K\,h_K)}{\eta_K\,h_K + k\,\eta_2\,H_2}\,. \tag{98}$$

---

[1]) S. auch S. 92.

[2]) Angenähert kann für w_4 gesetzt werden

$$w_4 = w_3 - \frac{860\,k_e}{\eta_g'\,\eta_m'}\,\frac{\eta_1 H_1}{\eta_K\,h_K}\left[\frac{(i_0 - q_c)}{\eta_0\,H_0}\,\frac{1}{(1+\nu)} - 1\right], \tag{97c}$$

da $\nu \cdot k$ sehr klein ist. Für $\eta_1 H_1 = 0$ geht w_4 in w_3 über. In den Gleichungen bedeutet

$$k = \frac{\eta_g\,\eta_m}{\eta_g'\,\eta_m'}\,\frac{\eta_e}{N_e}\,, \qquad k_e = \frac{\eta_e}{N_e}\,.$$

Setzen wir

$$\eta_1 H_1 = 0, \qquad \eta_2 H_2 = \eta_0 H_0,$$

so erhalten wir den Betriebsfall III, und somit

$$\Delta t_3 = \frac{k(i_0 - q_c - \eta_K h_K)}{\frac{\eta_K h_K}{\eta_0 H_0} + k}.$$

Aus der Ähnlichkeit der beiden Ausdrücke Δt_4 und Δt_3 folgt, daß auch Δt_4 einen ähnlichen Verlauf einnehmen wird, wie für Δt_3 dies in Abb. 29 dargestellt worden war. Es können also auch die dort gezogenen Schlußfolgerungen für die Bestimmung der Grenzwerte von Δt_m bzw. $(\eta_K h_K)_m$ hier sinngemäß Anwendung finden.

Aus (98) ergibt sich für den Grenzwert Δt_m ein inneres Gefälle der Hilfsturbine

$$(\eta_K h_K)_m = \frac{k[i_0 - q_c - \eta_1 H_1 - (1 - \lambda_1)\Delta t_m]}{\frac{\Delta t_m}{\eta_0 H_0} + k}, \tag{99}$$

woraus sich, da h_K durch die Wahl des Anzapfdruckes und des Vorwärmerdruckes gegeben ist, ein Grenzwert $(\eta_K)_m$ errechnen läßt. Es erhebt sich dann wie früher die Forderung, daß der innere Hilfsturbinenwirkungsgrad nicht unter diesen Grenzwert sinken darf, um eine Dampfbildung im Vorwärmer zu vermeiden. Es muß also

$$\eta_K \geqq \eta_{Km}$$

bleiben.

Beispiel. Die Hauptturbine nach Beispiel III auf S. 90 erhalte eine Anzapfstelle bei 5 At (abs.). Die Hilfsturbine, deren Effektivleistung $n_e = 186$ kW betrage, werde mit Anzapfdampf aus der Hauptturbine betrieben, und es soll der Einfachheit halber von einem Drosselverlust zwischen Haupt- und Hilfsturbine abgesehen werden. Der Vorwärmerdruck betrage 2,2 At (abs.), die zugehörige Sattdampftemperatur ist 122,5°. Mit einer Kondensatrücklauftemperatur $t_c = 23°$ wird die maximale Erwärmung des Speisewassers im Vorwärmer

$$\Delta t_m = t_s - t_e = 99{,}5°\,\mathrm{C}.$$

Betrachten wir zunächst die Verhältnisse bei verlustloser Vorwärmung:

Es war: $\eta_1 H_1 = 66{,}7$ WE, $k = 0{,}02$, $i_0 = 761$ WE,
$\eta_2 H_2 = 152{,}3$ WE, $k_c = 0{,}0186$, $q_c = 23$ WE,
$\eta_0 H_0 = 219$ WE,

dann wird aus Gl. 99 der Grenzwert

$$(\eta_K h_K)_m = 25{,}4\ \mathrm{WE}.$$

Aus dem I-S-Diagramm wird h_K zu 41,5 WE entnommen, so daß für η_K der Wert

$$(\eta_K)_m = 61{,}3\ \mathrm{vH}$$

nicht unterschritten werden darf.

Nimmt man nur eine Vorwärmung von $\Delta t'_m = 94{,}5°$ an, dann wird

$$(\eta_K h_K)'_m = 26{,}9 \text{ WE}$$

und

$$(\eta'_K)_m = 65 \text{ vH}.$$

Der Wärmebedarf dieser Schaltung war durch Gl. (97b) und (97c) gegeben. Wir erhalten bei Annahme einer verlustlosen Vorwärmung bis zur Sattdampftemperatur

$$w_4 = 3133 - 99 = 3034 \text{ WE/kWh nach Gl. (97 b)}$$

und

$$w_4 = 3133 - 101{,}5 = 3031{,}5 \quad ,, \quad ,, \quad ,, \quad (97\text{ c}),$$

wenn $\nu = 0{,}09$ gesetzt wird.

Mit einer um 5 vH geringeren Vorwärmung ändern sich diese Werte ab in

$$w'_4 = 3039 \text{ WE/kWh nach Gl. (97 b)}$$

bzw.

$$w'_4 = 3037 \quad ,, \quad ,, \quad ,, \quad (97\text{ c}).$$

Der Antrieb der Hilfsturbine durch Anzapfdampf aus der Hauptturbine erfordert die Einhaltung eines bestimmten Druckes an der Anzapfstelle. Es ist daher notwendig, hier eine Vorrichtung zur Konstanthaltung dieses Druckes vorzusehen. Damit verliert aber die Anordnung ihre Einfachheit.

Übernimmt die Hauptturbine konstante Grundbelastungen, ändert sich also der Druck an der Anzapfstelle nur wenig, dann kann unter Umständen die Entnahmeregelung fortfallen. Es ist aber aus Gründen der Betriebssicherheit nötig, die Schluckfähigkeit der Hilfsturbine derart zu vergrößern, daß die kleinen unvermeidlichen Druckschwankungen an der ungesteuerten Entnahmestelle keinen Einfluß auf die Leistung der Hilfsturbine ausüben können. (S. auch S. 76.)

Eine besondere Stellung nimmt die Hochdruckanlage ein. Die mit Dampf von hoher Spannung betriebene Hilfsturbine, die ihren Dampf zu Vorwärmzwecken abgibt, muß infolge des durch die Erhöhung der Anfangszustände sich ergebenden vergrößerten Gefälle eine größere $\Sigma u^2 z$ erhalten. Sie wird mit dem Druck wachsende Undichtheitsverluste haben, die insbesondere wegen der in Frage kommenden kleinen Leistungen ins Gewicht fallen. Auch müssen Konstruktionssonderheiten angewandt werden, die eine Verteuerung der Anlage darstellen.

Um zu der billigeren normalen Hilfsturbine in diesen besonderen Fällen zurückkehren zu können, kann es unter Umständen empfehlenswert erscheinen, Anzapfdampf aus der Hauptturbine zum Betrieb der Hilfsturbine zu verwenden. Es müssen aber, soll die Anlage betriebssicher arbeiten, die oben angeführten Forderungen erfüllt sein.

5. Vergleich der Schaltungen I—IV auf Grund ihres spezifischen Wärmeverbrauches.

In der folgenden Zahlentafel seien nochmals die Ergebnisse des vorigen Abschnittes zusammengestellt.

Zahlentafel 14.

Betriebsfall:	I	II	III	IV
Hilfsturbine, angetrieben durch	Frischdampf		Frischdampf	Anzapfdampf aus der Hauptturbine
Vorwärmung durch	Frischdampf	Anzapfdampf aus der Hauptturbine	Abdampf der Hilfsturbine	Abdampf der Hilfsturbine
Wärmeverbrauch einer KWh bei einem Kesselwirkungsgrad = 1	$w_1 = G_{(+)}(i_0 - q_c)$	$w_2 = w_1 - \frac{a_2}{N_e}\lambda_1(i_0 - q_e - \eta_0 H_0)$	$w_3 = G_{(-)}(i_0 - q_c) + \frac{860 k_e}{\eta_g' \eta_m'}$	$w_4 = w_3 - \frac{860\, k_e}{\eta_g' \eta_m'} \frac{\eta_1 H_1}{\eta_K h_K} \left(\frac{i_0 - q_c}{\eta_0 H_0} \frac{1}{1+\nu} - 1\right)$[1]
Vorwärmung $\Delta t = t_1 - t_c$	$\frac{a_1(i_0 - q_c)}{a_1 + G_{(+)} N_e}$	$\frac{a_2(i_0 - q_c - \eta_1 H_1)}{a_2(1-\lambda_1) + G_{(+)} N_e}$	$\frac{k(i_0 - q_c - \eta_K h_K)}{k + \lambda_K}$	$\frac{k(i_0 - q_c - \eta_1 H_1 - \eta_K h_K)}{k(1-\lambda_1) + \lambda_K}$
Heizdampfmenge	$a_1 = \frac{G_{(+)} N_e \Delta t}{i_0 - q_e - \Delta t}$	$a_2 = \frac{G_{(+)} N_e \Delta t}{i_0 - q_c - \eta_1 H_1 - (1-\lambda_1)\Delta t}$ mit $\Delta t = f(H_1,\ \lambda_1)$	$a_3 = d = \frac{860\, n_e}{\eta_g' \eta_m' \eta_K h_K}$ mit $\Delta t = f(h_K\, \lambda_K)$	$a_4 = d = \frac{860\, n_e}{\eta_g' \eta_m' \eta_K h_K}$ mit $\Delta t = f(h_1 + h_K, \lambda_K)$

[1]) Es ist die Näherungsformel der Einfachheit halber für die folgenden Rechnungen verwendet.

6. Der Ausdruck für die Änderung des spezifischen Wärmeverbrauches.

Wir nehmen an, daß sich bei einer Anlage durch bestimmte Maßnahmen der Wärmeverbrauch $w_{(i)}$ in den Wärmeverbrauch $w'_{(i)}$ ändern möge.

Eine Ersparnis an aufzuwendender Dampfwärme tritt ein, wenn

$$w'_i < w_i$$

wird. Es muß also die absolute Änderung

$$\Delta w_{(i)} = w_{(i)} - w'_{(i)} \text{ in WE/kWh}$$

und die verhältnismäßige

$$\delta w_{(i)} = \frac{w_{(i)} - w'_{(i)}}{w_{(i)}} \tag{100}$$

positiv sein.

7. Der Einfluß der Größen $k_{(i)}$, η_k und η_0.

Die Änderung des spezifischen Wärmeverbrauches ist durch eine Reihe von Faktoren bedingt, und zwar geht aus der Zusammenstellung hervor, daß $w_{(i)}$ in der Hauptsache von den Größen k, η_K, h_K, $\eta_{(0)}$, $H_{(0)}$ und von $(i_0 - q_c)$ abhängt. In den folgenden Abschnitten soll der Einfluß dieser Größen noch näher untersucht werden.

a) Der Einfluß von k bzw. k_e. Mit k wurde das Verhältnis der inneren Leistungen, mit k_e das Verhältnis der effektiven Leistungen von Hilfs- zur Hauptturbine bezeichnet [Gleichung (68b)]. Für alle Schaltungen wird der Ausdruck für $\delta w_{(i)}$ nach Gleichung (100) den Wert

$$\delta w_{(i)} = \frac{a\,(k_{(i)} - k'_{(i)})}{a\,k_{(i)} + b} \tag{101}$$

annehmen mit a und b als konstante Beiwerte. Ferner soll vorausgesetzt werden, daß die Vorwärmung Δt beim Vergleich unverändert bleibt, was zur Folge hat, daß in den beiden letzten Betriebsfällen die Änderung der inneren Gefällshöhe $(\eta_K\, h_K)$ vorgeschrieben wird.

Aus Gleichung (101) folgt, daß mit wachsender Hilfsturbinenleistung bei unverändert gedachter Hauptturbine der Wärmeverbrauch zunimmt. Andererseits vergrößert sich auch das Verhältnis k bzw. k_e, wenn, wie im Falle der Teillasten die Hauptturbinenleitung abnimmt und n_e angenähert unverändert bleibt. Es folgt ferner, daß bei allen beschriebenen Schaltungsarten der spez. Wärmeverbrauch bei den Teillasten größer wird.

Ebenso bedeutet eine Zunahme von ν, dem Verhältnis der ideellen Leerlaufsleistung N_0 zur Hauptturbinenleistung N_e, eine Verschlechterung in der Wärmewirtschaft. Turbinen mit flacherer Regulierkurve sind daher stets günstiger als solche, die einen stärker gekrümmten Verlauf ihrer Wirkungsgradkurve aufweisen.

b) Der Einfluß des Hilfsturbinenwirkungsgrades η_K. Wir trennen die oben angeführten 4 Schaltungsarten in 2 Gruppen, wobei wieder konstante Vorwärmung Δt angenommen sei:

$$\begin{aligned} &\text{Gruppe A Schaltung I und II } w_a = (m)\, G_{(+)},\\ &\quad,,\quad \text{B}\quad ,,\quad \text{III und IV } w_B = (n). \end{aligned} \tag{102}$$

Für die 1. Gruppe bleibt (m) durch eine Änderung des Hilfsturbinen-Wirkungsgrades η_K unbeeinflußt. Es wird daher

$$\delta w_a = 1 - \frac{G'_{(+)}}{G_{(+)}} \tag{102a}$$

als Ausdruck für die Änderung des Wärmeverbrauchs der Gruppe A und

$$\delta w_B = 0 \tag{103}$$

für die Gruppe B bei konstant gedachter Vorwärmung.

Um δw_a berechnen zu können, müssen wir wieder auf Zahlentafel 11 zurückgreifen, aus welcher, wie auch aus S. 76 schon hervorgeht, für den spez. Mehrverbrauch das allgemeine Gesetz

$$\Delta G = \frac{G_+}{G_{(-)}} - 1 = (m)\frac{1}{\eta_K} + (n) \tag{104}$$

mit (m) und (n) als Konstante entnommen werden kann. Es wird also

$$\delta w_a = \frac{(m)\left(\frac{1}{\eta_K} - \frac{1}{\eta'_K}\right)}{(m)\frac{1}{\eta_K} + (n) + 1}. \tag{102b}$$

Eine Verbesserung des Hilfsturbinenwirkungsgrades η_K läßt den Ausdruck Gleichung (102b) positiv erscheinen, und es tritt eine Abnahme des spez. Wärmeaufwandes ein. Gleichung (102b) ist ähnlich mit Gleichung (69a) auf S. 76, so daß hier auf die dort gezogenen Schlußfolgerungen verwiesen werden kann.

In den Betriebsfällen der Gruppe B wird eine Änderung von η_K stets auch eine Änderung der Vorwärmung hervorrufen.

Für die Schaltung III ist dies ohne Einfluß auf den Wärmeaufwand w_3.

Im Betriebsfall IV aber wird, da einem besseren Hilfsturbinenwirkungsgrad bei unverändert angenommenem Gefälle h_K eine geringere Vorwärmung Δt entspricht, δw_B negativ werden und der Wärmeaufwand sich erhöhen.

c) Der Einfluß der thermodynamischen Wirkungsgrade der Hauptturbine (η_1, η_2, η_0). Es sei wieder angenommen, daß die Verhältnisse $\frac{\eta_1'}{\eta_1} = \frac{\eta_2'}{\eta_2} = \frac{\eta_0'}{\eta_0}$ unveränderlich bleiben.

Wir können daher für die Gruppe A der Betriebsfälle die Änderung des spez. Wärmeaufwandes angenähert ausdrücken durch

$$\delta w_a = 1 - \frac{G'_{(+)}}{G_{(+)}} \tag{105}$$

oder mit den Ausdrücken für ΔG auf S. 77

$$\delta w_a = \frac{[(n) + 1] \cdot \left[\frac{1}{\eta_0} - \frac{1}{\eta_0'}\right]}{[(m)\,\eta + (n) + 1]\,\frac{1}{\eta_0}}. \tag{105a}$$

Einer Verbesserung kommt daher stets einer Verminderung des Wärmeaufwandes gleich, wie dies auch natürlich ist.

Für die Schaltungen der Gruppe B (S. 103) muß beim Vergleich beachtet werden, daß zur Konstanthaltung der Vorwärmung Δt auch der Wert $(\eta_K h_K)$ eine entsprechende Änderung wird erfahren müssen.

Beispiel: Es sei die auf S. 90 angeführte Turbine zugrunde gelegt. Zum Vergleich sei eine Turbine gleicher Leistung älterer Bauart herangezogen, welche einen thermodyn. Wirkungsgrad von 76,5 vH habe entsprechend einem inneren Wirkungsgrad $\eta_0 = 78$ vH. Es ergibt sich somit die folgende Zusammenstellung:

	Turbine alter Bauart	neuer Bauart	
Leistung	$N_e = 10\,000$ KW	$N_e = 10\,000$ KW	
inn. Wirkungsgrad	$\eta_0 = 78$ vH	$\eta_0' = 83{,}6$ vH	($H_0 = 262$ WE,
inn. Gefälle	$\eta_0 H_0 = 204{,}4$ WE	$\eta_0' H_0 = 219$ WE	21 at (Üb.) 375°
Dampfverbr. ausschl.			auf 0,035 At)
Hilfst.	$G_{(-)} = 4{,}52$ kg/kWh	$G'_{(-)} = 4{,}22$ kg/kWh	$k = 0{,}02$
„ einschl.			$k_e = 0{,}0186$
Hilfst.	$G_{(+)} = 4{,}66$ „	$G'_{(+)} = 4{,}35$ „	

Mit diesen Zahlen und unter Annahme einer unverändert bleibenden Erwärmung $\Delta t = 94{,}5°$ C ergeben sich für die Schaltungen I bis IV die folgenden Werte für δw in vH-Teilen:

Gruppe A:	I	II	Gruppe B:	III	IV
	6,7	6,5		6,6	6,5 vH

Zur Rechnung dienten ferner die Größen:

Fall II $\begin{cases} \lambda_1 = \lambda_1' = 0{,}456, \; p_1 = 2{,}2 \text{ At}, \; t_1 = 122{,}5\,°\text{C}, \; \Delta t = 99{,}5° - 5° = 94{,}5\,°\text{C} \\ \eta_1 H_1 = 93{,}3 \text{ WE} \\ \eta_1' H_1 = 100 \text{ WE} \end{cases}$

Fall IV $\left.\begin{cases} \lambda_1 = \lambda_1' = 0{,}304 \\ \eta_1 H_1 = 62{,}2 \text{ WE}, \; \eta_1' H_1 = 66{,}7 \text{ WE} \end{cases}\right\}$ Vorwärmerdruck wie oben.

Damit die Voraussetzung gleicher Vorwärmung zutrifft, muß sich bei der Gruppe B der Hilfsturbinenwirkungsgrad η_K in η_K' ändern.

Die Abhängigkeit ist im Betriebsfall III der Gruppe B gegeben durch die Beziehung

$$\frac{\eta_K}{\eta'_K} = \frac{(\Delta t + K\,\eta'_0 H_0)\,\eta_0}{(\Delta t + K\,\eta_0 H_0)\,\eta'_0}, \tag{106}$$

und im Betriebsfall IV ist

$$\frac{\eta_K}{\eta'_K} = \frac{(\Delta t + K\,\eta'_0 H_0)\,\eta_0 \cdot [i_0 - q_c - \eta_1 H_1 - (1-\lambda_1)\Delta t]}{(\Delta t + K\,\eta_0 H_0)\,\eta'_0 \cdot [i_0 - q_c - \eta'_1 H_1 - (1-\lambda_1)\Delta t]} \tag{106a}$$

als Annäherung zu verwenden. Das Leistungsverhältnis λ_1 ist hierbei als konstant angenommen worden, da sich die Teilwirkungsgrade im gleichen Verhältnis ändern sollen wie die Gesamtwirkungsgrade der Hauptturbine. Aber man wird keinen großen Fehler begehen, wenn man auch für Gleichung (106a) den einfacheren Ausdruck Gleichung (106) wählt.

In unserem obigen Beispiel erhalten wir für das Wirkungsgradverhältnis der Hilfsturbine im Betriebsfall III $\frac{\eta_K}{\eta'_K} = 0{,}94$ und IV $\frac{\eta_K}{\eta'_K} = 0{,}95$.

Auch hier war wie früher nicht berücksichtigt, daß sich infolge der abnehmenden Dampfmenge auch die Leistung der Hilfsturbine verringert und damit auch das Leistungsverhältnis k bzw. k_e.

Nehmen wir den idealen Fall an, in dem die Leistung der Hilfsturbine im gleichen Maße zurückgeht, in welchem der Wirkungsgrad der Hauptturbine besser wird, so ändert sich auch k und k_e im gleichen Verhältnis. Es tritt eine weitere Steigerung der Wirtschaftlichkeit ein, und der Wärmegewinn wird für den Betriebsfall I = 6,9 vH. Es war

$$\delta w_1 = 1 - \frac{G'_{(+)}}{G_{(+)}}$$

und

$$\Delta G = \frac{G_{(+)}}{G_{(-)}} - 1; \qquad \Delta G' = \frac{G'_{(+)}}{G'_{(-)}} - 1.$$

Da sich angenähert

$$\frac{\Delta G'}{\Delta G} = \frac{K'}{K} = \frac{G'_{(-)}}{G_{(-)}}$$

verhält, wird auch

$$\delta w_1 = 1 - \frac{(1+\Delta G')\,G'_{(-)}}{(1+\Delta G)\,G_{(-)}}. \tag{105b}$$

Mit großer Annäherung kann der Ausdruck Gleichung (105b) auch für den Gewinn im Betriebsfall II angewandt werden.

Für die Gruppe B der Betriebsfälle wird bei obiger Annahme

$$\delta w_3 = 1 - \frac{G'_{(-)}}{G_{(-)}}$$

also der Wert von 6,7 vH erreicht, welcher auch mit großer Näherung für den Fall IV gilt.

d) Der Einfluß des höheren Anfangszustandes. Wir setzen wieder voraus, daß die durch den erhöhten Anfangszustand vergrößerten Gefälle keine Änderungen der Wirkungsgrade hervorrufen. Ferner nehmen wir zunächst auch an, daß die Hilfsturbinenleistung und damit auch das Verhältnis k unverändert bleibt.

Durch die Erhöhung des Anfangsdruckes und der Anfangstemperatur wird bei sonst gleichen Verhältnissen das adiabatische Gefälle H_0 eine Vergrößerung erfahren ($\varDelta H_0$). Im allgemeinen wird hiermit auch eine Veränderung des Anfangswärmeinhaltes i_0 verbunden sein ($\varDelta i_0$).

Wir schreiben den Wärmeaufwand für einen Betriebsfall (i)

$$w_{(i)} = \frac{a[i_0 - q_c - (m)\,\lambda_1]}{H_0} - (n)\,\lambda_1 + b \tag{107}$$

unter der Annahme, daß sich die Änderung des Dampfverbrauches einschließlich Hilfsturbinenbetrieb im gleichen Verhältnis vollzieht wie die Änderung des Dampfverbrauches ausschließlich Hilfsturbine.

a und b sind Konstante. Die Ausdrücke (m) und (n) hängen von allen Größen ab; um eine Vereinfachung vornehmen zu können, seien ihre Änderungen, hervorgerufen durch i_0 und k, vernachlässigt. Es ist dies bis zu einem gewissen Grade zulässig, da (m) und (n) aus Brüchen bestehen, deren Zähler und Nenner sich ungefähr im gleichen Verhältnis ändern. Die nebenstehende Zahlentafel gibt eine Übersicht über die Werte a, b, (m) und (n).

Betriebsfall I. Mit der vorhin erwähnten Annahme ergibt sich für die Änderung des Wärmeaufwandes w_1 in w_1'

$$(\delta w_1) = 1 - \frac{w_1'}{w_1} = \frac{(i_0 - q_c)\,\varDelta H_0 - H_0 \varDelta i_0}{(H_0 + \varDelta H_0)(i_0 - q_c)} = \frac{(i_0 - q_c)\,\delta H_0 - \varDelta i_0}{(1 + \delta H_0)(i_0 - q_c)}. \tag{108}$$

Für die besonderen Fälle, in welchen eine Veränderung von i_0 nicht eintritt, wird $\varDelta i_0 = 0$, und der Ausdruck vereinfacht sich in

$$(\delta w_1) = \frac{\varDelta H_0}{H_0 + \varDelta H_0} = \frac{\delta H_0}{1 + \delta H_0}. \tag{108a}$$

Der spez. Wärmeaufwand w_1' wird geringer, wenn

$$\varDelta i_0 < (i_0 - q_c)\,\delta H_0$$

wird. Die Ersparnis verschwindet für

$$\varDelta i_0 = (i_0 - q_c)\,\delta H_0$$

oder

$$\delta i_0 = \delta H_0, \tag{108b}$$

gleiche Kondensatwärme q_c vorausgesetzt.

Zahlentafel 15.

Fall	I	II	III	IV
Wärmeverbrauch w in WE/kWh	$\frac{a_1(i_0 - q_c)}{H_0}$	$\frac{a_2[(i_0 - q_c) - (m)\lambda_1]}{H_0}$	$\frac{a_3(i_0 - q_c)}{H_0} + b$	$\frac{a_4[(i_0 - q_c) - (m)\lambda_1]}{H_0} + b - (n)\lambda_1$
a	$\frac{860}{\eta_g \eta_m \eta_0}\left(1 + k\frac{\eta_0}{\eta_{k0}}\right)$[1]	$\frac{860}{\eta_g \eta_m \eta_0}\left(1 + k\frac{\eta_0}{\eta_{k0}}\right)$[1]	$\frac{860}{\eta_g \eta_m \eta_0}$	$\frac{860}{\eta_g \eta_m \eta_0}$
b	θ	θ	$\frac{860\,k_e}{\eta_g' \eta_m'}$	$\frac{860\,k_e}{\eta_g' \eta_m'}$
(m)	θ	$\frac{(i_0 - q_c - \eta_0 H_0)\Delta t}{[i_0 - q_c - \eta_1 H_1 - \Delta t(1 - \lambda_1)]}$	θ	$\frac{(i_0 - q_c)\frac{k}{1+\nu} - \eta_0 H_0)\Delta t}{[i_0 - q_c - \eta_1 H_1 - \Delta t(1 - \lambda_1)]}$
(n)	θ	θ	θ	$\frac{k}{\Delta t}\frac{860}{\eta_g \eta_m \eta_0}\frac{(i_0 - q_c)\frac{k}{1+\nu} - \eta_0 H_0)\Delta t}{[i_0 - q_c - \eta_1 H_1 - \Delta t(1 - \lambda_1)]}$

[1]) Schaltung der Hilfsturbine nach Abb. 13 angenommen.

Betriebsfall II. Nach (Gl.) 107 ist

$$w_2 = \frac{a[(i_0 - q_c) - (m)\lambda_1]}{H_0}.$$

Wir nehmen an, daß der Wärmeinhalt infolge des neuen Anfangszustandes in i_0', der Leistungsanteil λ_1 in λ_1 sich ändert. Bezeichnen wir wieder die Änderungen mit dem Symbol Δ, so wird

$$i_0' = i_0 + \Delta i_0,$$
$$\lambda_1' = \lambda_1 + \Delta\lambda_1,$$
$$H_0' = H_0 + \Delta H_0 = H_0(1 + \delta H_0).$$

Es wird somit

$$\delta w_2 = 1 - \frac{w_2'}{w_2} = \frac{[i_0 - q_c - (m)\lambda_1]\delta H_0 - \Delta i_0 + (m)\Delta\lambda_1}{(1 + \delta H_0)(i_0 - q_c - (m)\lambda_1)}. \quad (109)$$

Die Ersparnis verschwindet, wenn δw_2 negativ, also

$$\Delta i_0 \geq [(i_0 - q_c) - (m)\lambda_1]\delta H_0 + (m)\Delta\lambda_1 \quad (109\,a)$$

wird.

Betriebsfall III. Unter ähnlichen Voraussetzungen wird bei einer bestimmten Last N_e

$$\delta w_3 = 1 - \frac{w_3'}{w_3} = \frac{a[(i_0 - q_c)\delta H_0 - \Delta i_0]}{(1 + \delta H_0)[a(i_0 - q_c) + bH_0]} \quad (110)$$

mit a und b nach Tabelle auf S. 107.

Für

$$\left.\begin{array}{c} \Delta i_0 \geqq (i_0 - q_c)\delta H_0 \\ \text{oder} \\ \delta(i_0) \geqq \delta H_0 \end{array}\right\} \quad (110\,a)$$

wird δw_3 gleich Null oder negativ.

Betriebsfall IV. Wir erhalten für die verhältnisgleiche Änderung des Dampfwärmeaufwandes

$$\left.\begin{aligned} \delta w_4 &= 1 - \frac{w_4'}{w_4} \\ &= \frac{a[(i_0 - q_c - (m)\lambda_1)\delta H_0 - \Delta i_0 + (m)\Delta\lambda_1] + (n)H_0\Delta\lambda_1(1 + \delta H_0)}{(1 + \delta H_0)[a(i_0 - q_c - (m)\lambda_1) + bH_0 - (n)\lambda_1 H_0}. \end{aligned}\right\} \quad (111)$$

Ähnlich wie früher, muß hier

$$\Delta i_0 \leqq [(i_0 - q_c - (m)\lambda_1)\delta H_0 + (m)\Delta\lambda_1] + \frac{(n)H_0\Delta\lambda_1(1 + \delta H_0)}{a} \quad (111\,a)$$

sein, um bei Übergang auf einen höheren Anfangszustand einen Gewinn an aufzuwendender Wärme zu erzielen, was in der Regel der Fall ist.

Beispiel. Die angeführten Gleichungen, auf das im vorigen Abschnitt behandelte Beispiel angewandt, ergeben für jeden Betriebsfall die unter den folgend beschriebenen Annahmen zu erzielenden Ersparnisse, wenn von 12 at 300° C-Betrieb auf den Betrieb mit 25 at und 350° C übergegangen würde.

Zur Übersicht sollen die aus dem JS-Diagramm abgelesenen Gefälle nochmals zusammengestellt werden.

Eintrittsdruck	$p_0 =$ 12 at (Üb.)	$p_0' =$ 25 at (Üb.)
Eintrittstemperatur	$t_0 = 300°$ C	$t_0' = 350°$ C
adiab. Gesamtgefälle	$H_0 = 216$ WE	$H_0' = 248$ WE
Wärmeinhalt	$i_0 = 726$ WE	$i_0' = 745$ WE
Rücklauftemp. (Kondens.)	$q_c = 30°$ C	$q_c' = 30°$ C
Dampfverbrauch ausschließl. Hilfsturbine	$G_{(-)} = 5{,}84$ kg/kWh	$G_{(-)}' = 5{,}09$ kg/kWh
Dampfverbrauch einschließl. Hilfsturbine[1]	$G_{(+)} = 6{,}13$ kg/kWh	$G_{(+)}' = 5{,}34$ kg/kWh
Inneres Gesamtgefälle	$\eta_0 H_0 = 162$ WE	$\eta_0 H_0' = 186$ WE
Verhältniswerte in beiden Fällen	$k = 0{,}0265$	$k_e = 0{,}0251$.

Für den Vergleich nehmen wir die Vorwärmung entsprechend einem Druck von 2,2 At (abs.) als unveränderlich zu 90° C an. Für die Betriebsfälle III und IV ist dann der Wirkungsgrad der Hilfsturbine festgelegt.

Wir erhalten ferner für den Leistungsanteil λ_1:

Zahlentafel 16.

im Betriebsfall II	IV
$\lambda_1 =$ 0,39	0,234
$\lambda_1' =$ 0,473	0,324
$\Delta\lambda_1 =$ 0,083	0,090
$(m) =$ 83,2	81,6
$(m)' = 82{,}1 \backsim (m)$	80,2

so daß sich schließlich mit einem unveränderlichem $k_e = 0{,}0251$ folgende Zahlentafel der δw_2 ergibt.

Zahlentafel 17.

Betriebsfall	I	II	III	IV
12 at-Anlage Wärmeaufwand $w_{(i)}$ WE/kWh	4266	4068	4089	3985
25 at-Anlage Wärmeaufwand $w_{(i)}'$ WE/kWh	3818	3610	3664	3541
Anteilige Ersparnis $\delta w_{(i)} = 1 - \frac{w_{(i)}'}{w_{(i)}}$ in vH	10,5	11,3	10,4	11,1

[1]) Schaltung der Hilfsturbine nach Abb. 13 angenommen.

Den Werten der letzten Spalte steht eine anteilige Erhöhung des Wärmeinhaltes von $\delta i_0 = 2{,}62$ vH und des Gefälles von 14,8 vH gegenüber. Von Fall zu Fall wird aber auch die Vorwärmung $\varDelta t$ geändert werden können, so daß es unter Umständen möglich ist, daß sich die obengenannten Zahlen etwas verschieben. Schließlich gilt aber hier auch das auf S. 103 ff. Gesagte sinngemäß.

Berücksichtigen wir, daß mit größer werdendem Gefälle der Dampfverbrauch und damit die Kondensatmenge sich vermindert, so wird auch die Pumpenleistung und der Wert k zurückgehen.

In unserem Beispiel sei wie früher die Verkleinerung von k verhältnisgleich der Dampfverbrauchsverminderung gesetzt. Es beträgt demnach wieder $k = 0{,}023$, so daß sich mit diesem Wert für die 4 Fälle die folgenden Zahlen ergeben:

Betriebsfall	I	II	III	IV
$\delta w_{(i)}$	10,4	11,2	10,4	11,2 vH

Bei genauerer Rechnung wird, wie dies auf S. 80 angedeutet ist, auch eine Berichtigung der Wirkungsgrade mit höheren Anfangszuständen vorgenommen werden müssen.

In den obigen Ausführungen haben wir uns lediglich auf die einstufige Vorwärmung des Speisewassers beschränkt. Bei der zwei- oder mehrstufigen Vorwärmung sind außer den obenerwähnten 4 Fällen aber auch noch die Kombinationen untereinander denkbar. So könnte z. B. die erste Stufe der Vorwärmung durch den Abdampf der Hilfsturbine erfolgen, während die höheren Stufen Anzapfdampf aus der Hauptturbine erhalten. Auch die umgekehrte Schaltung ist denkbar. Sie ist jedoch weniger wirtschaftlich. Bei Hochdruckanlagen erscheint es empfehlenswert, die Hilfsturbine mit niedrigerem Druck zu betreiben. Den Anforderungen höchster Betriebssicherheit und Wärmewirtschaft kommt eine Anordnung am nächsten, welche eine Unterteilung des Hauptmaschinensatzes in einen Vorschaltsatz und in einen nachgeschalteten Niederdrucksatz vorsieht. Um den Einfluß der Belastungsschwankungen auf die Anzapfung der Niederdruckturbine zum Zwecke der Speisewasservorwärmung zu vermeiden, ist ein sog. „Regenerativ"-Zylinder in der Vorschaltturbine vorgesehen, welcher die für Vorwärm- und Heizzwecke nötigen Dampfmengen auf die entsprechenden Drucke verarbeitet. Die Hilfsturbine wird dann vorteilhafterweise mit der Niederdruckturbine parallel geschaltet und gibt ihren Dampf an den 1. Vorwärmer ab[1]). (Sonderfall des Betriebsfalles IV.) Schließlich kann die Hilfsturbine ebenfalls für Vorwärmzwecke angezapft werden, was aber nur bei größeren Ausführungen zweckmäßig ist. Je nach dem

---

[1]) Erstmalig von den Siemens-Schuckert-Werken im Kraftwerk Charlottenburg ausgeführt. Näheres s. „Siemens-Zeitschrift", Febr.-Heft 1925.

Belastungsdiagramm der Zentrale verarbeitet die Hausturbine sämtlichen Arbeitsdampf zur Vorwärmung oder sie erhält zum Belastungsausgleich einen Niederdruckteil mit eigenem Kondensator angebaut. In bestimmten Fällen ist, wie bereits erwähnt, die Verbindung mit einem Speicher angebracht, welcher selbst bei Lastschwankungen die restlose Ausnützung der Hilfsturbinendampfmenge gestattet. Mit dieser Schaltungsart kann erreicht werden, daß der spez. Wärmeverbrauch bei den Teillasten geringer wird als bei der größten Belastung der Hauptturbinen.

Ein Vergleich der Werte $w_{(i)}$ lehrt, daß stets

$$\left.\begin{matrix} w_2 < w_1 \\ w_4 < w_3 \end{matrix}\right\} \quad (112\,\text{a})$$

sein wird. Aus den Ausdrücken (107) folgt aber ferner auch, daß in der Regel

$$\left.\begin{matrix} w_3 < w_1 \\ w_2 < w_3 \end{matrix}\right\} \quad (112\,\text{b})$$

ist. Hieraus ergibt sich weiter, daß im allgemeinen der Fall IV den kleinsten Wärmeaufwand benötigen wird. Hierbei ist von gleichen Verhältnissen ausgegangen.

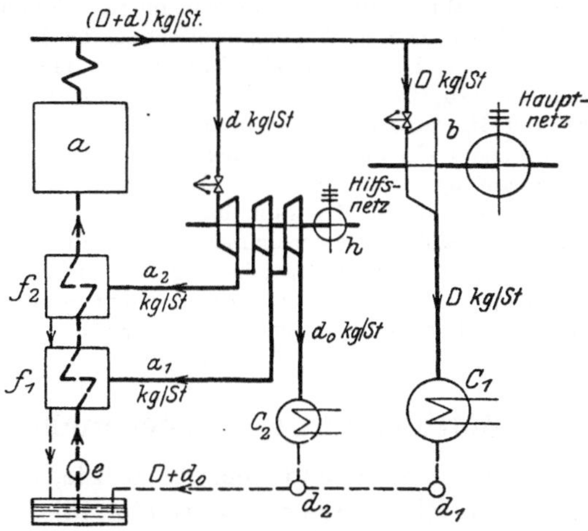

Abb. 31. Schema einer Kraftanlage mit Hausturbosatz. Zweifache Anzapfvorwärmung mit Dampf aus der Hausturbine. Angehängter *ND*-Teil zum Belastungsausgleich. Vom Hauptnetz unabhängiges Eigenbedarfsnetz.

Wird zum Belastungsausgleich die auf den Vorwärmer arbeitende Hilfsturbine mit einem Niederdruckteil ausgestattet, welcher in Zeiten geringerer Belastung der Hauptturbine die zur Erzielung der Hilfsturbinenleistung nötige Restdampfmenge C verarbeitet und in einen Hilfskondensator entläßt, so errechnet sich der Wärmeaufwand nach (Abb. 31)

$$w_{3a} = w_5 + \frac{C}{N_e}(i_0 - q_c - \eta_k h_k) \tag{113}$$

wobei zu beachten ist, daß infolge der geringeren Hauptturbinenbelastung der Verbrauch $G_{(-)}$ schlechter wird und damit der Wärmeaufwand der Gegendruckschaltung nach Fall III größer wird. $\eta_k h_k$ bedeutet hier das von der Restdampfmenge durchflossene innere Gefälle der Hilfsturbine. Ähnlich liegt der Fall auch bei der Schaltung IV nach Abb. 30, wenn an die vorwiegend im Gegendruckbetrieb arbeitende Hilfsturbine noch ein Niederdruckteil zum Ausgleich angeschlossen wird. In Abb. 31 ist das Schaltungsschema eines Großkraftwerkes dargestellt, und es bedeuten:

a	Kessel.	$d_1\,d_2$	Kondensatpumpen.
b	Hauptturbine.	h	Hausturbine.
C_1	Hauptkondensator.	e	Speisepumpe.
C_2	Hilfskondensator.	$f_1\,f_2$	Vorwärmer.

An Stelle des Ekonomisers ist ein Lufterhitzer gedacht, der in Abb. 31 nicht besonders hervorgehoben worden ist.

Zur Erzielung einer besseren Wirtschaftlichkeit bei Teillasten der Hauptturbine wird angestrebt, die Vorwärmetemperatur möglichst unverändert zu halten. Wir haben als Mittel hierzu bereits das Verfahren nach Dr. Stender - SSW.[1]), durch Überschußdampf in einem Mischvorwärmer auf gleiche Temperatur zu regeln, kennengelernt. Durch Steuerung der höchsten Entnahmestelle an der Hilfs- oder Hauptturbine kann ebenfalls konstante Temperatur erreicht werden, die aber tiefer liegen wird als die im ersterwähnten Verfahren erzielbare.

An dieser Stelle sei auf die Ausführungen auf S. 96 und 97 verwiesen, die weitere Verfahren zur Konstanthaltung der Vorwärmtemperaturen beschreiben. Schließlich sei noch ein Verfahren erwähnt, das bei Konstanthaltung des Druckes im Vorwärmer, Destillator oder Verdampfer den je nach den Belastungsverhältnissen der Hauptturbine überschießenden Abdampf der Hilfsturbine in eine spätere Stufe der Hauptturbine oder in den Kondensator überführt und hierdurch das Speisewasser auf einer entsprechenden Temperatur hält[2]).

Die günstigste Schaltung wird aber immer diejenige sein, welche die Kondensatdampfmenge auf ein Minimum beschränkt, d. h. so wenig als möglich Wärmeeinheiten im Kühlwaser vernichtet. Es sind deshalb die Fälle, in welchen ein Belastungsausgleich durch Speicherung der anfallenden Wärmeenergien aus der Hilfsturbine erfolgen kann, stets thermisch am günstigsten. Ihre Wirtschaftlichkeit muß von Fall zu Fall nachgeprüft werden[3]).

2. Betriebe mit zwei oder mehreren Hilfsturbinen.

Wie schon einleitend bemerkt wurde, sind im Kraftwerksbau eine Reihe von Hilfsbetrieben notwendig, die, soweit Turbinenbetrieb in Frage kommt, Wärmeverbraucher vorstellen, die mitunter einen erheblichen Einfluß auf die Wirtschaftlichkeit der Betriebsführung ausüben können.

In den vorigen Abschnitten wurde gezeigt, daß verschiedene Möglichkeiten bestehen, die Einschaltung dieser Hilfsbetriebe in den Wärmekreislauf der ganzen Anlage vorzunehmen. Die dort erzielten Schlußfolgerungen, die für den Betrieb mit einer einzigen Hilfsturbine aufgestellt werden, lassen sich auch sinngemäß auf den Betrieb mit mehreren Hilfsturbinen übertragen. Wie schon auf S. 32 angeführt war, kommen zwei grundsätzliche Betriebsarten in Frage:

1. **Parallelbetrieb:** sämtliche Hilfsturbinen erhalten Dampf von gleicher Spannung und geben denselben in eine gemeinsame Abdampfleitung ab;

2. **Serienbetrieb:** die Hilfsturbinen sind hintereinander geschaltet.

---

[1]) Siehe S. 88 und 96.

[2]) Siehe auch DRP. 377 272 von BBC. (Selbsttätige Regelung der Speisewassertemperaturen.

[3]) Siehe auch „Iron a. Steel Eng., September 1925: A. L. Penniman und F. W. Quarles: Hilfsmaschinen und Hilfsantriebe für Dampfkraftanlagen“; auch „Power“ 1925, Nr. 16.

In der Praxis wird jedoch eine so scharfe Trennung nicht immer vorzufinden sein. Auch der gemischte Betrieb — einige Turbinen parallel, andere in Serie — ist denkbar, wie es auch möglich und wohl in der Regel der Fall ist, daß beim Parallelbetrieb die Druckverhältnisse für jede Turbine verschieden sind.

Der Betrieb der Hilfsmaschinen einer Wärmekraftanlage durch mehrere kleinere Hilfsturbinen in der obenerwähnten Weise ist hauptsächlich für ortsbewegliche Anlagen verwandt worden. (Lokomotiv- und Schiffsantrieb.) In neuerer Zeit aber müssen diese Antriebsarten dem bequemeren und wirtschaftlicheren Motorenantrieb weichen. Nur in einzelnen Fällen sprechen vorwiegend betriebliche Gründe für ihre Beibehaltung.

a) Betriebe mit parallel geschalteten Hilfsturbinen.

Die Hilfsmaschinen einer normalen Anlage, z. B. einer Schiffsanlage, erhalten Hilfsturbinenantriebe $h_1, h_2 \ldots h_n$. Jede Turbine arbeite der Einfachheit halber mit den gleichen Dampfdrucken und Temperaturen und sei in untereinander gleicher Weise in den Wärme- und Dampfstrom geschaltet.

a) Sind auch die Antriebsverhältnisse bei allen Hilfsturbinen gleich, so können die Formeln der Schaltungsarten von S. 70 und 101 übernommen werden, indem für

$$n_e \ldots \sum_1^n n_e \qquad \text{und für}$$

$$k_e, k, \ldots \sum_1^n k_e, \sum_1^n k \qquad \text{bzw. statt} \qquad \frac{k_e}{\eta_g' \eta_m'} \ldots \sum \frac{k_e}{\eta_g' \eta_m'}$$

gesetzt wird. Die Hilfsturbinen $h_1, h_2 \ldots h_n$ bilden sozusagen wieder eine einzige (ideelle) Hilfsturbine, die in der schon besprochenen Weise mit der Hauptturbine arbeiten kann. Werden die Hilfsturbinen ganz oder teilweise durch Motore ersetzt, welche ihren Strom von dem Hauptgenerator oder von einem mit diesen verbundenen Hausgenerator erhalten, so sind die Gl. (33) und (33a) auf S. 55 sinngemäß anzuwenden.

Da dann infolge der Zusammenfassung mehrerer Einzelantriebe der Wert k_e größer wird, kann die Genauigkeit der vorerwähnten Gleichungen durch Einführung des auf S. 61 beschriebenen Gesetzes

$$G_{(-)} = \alpha (1 + \gamma)$$

bei Turbinen mit gerader Charakteristik weiter gehoben werden. Es ist an Stelle von k_{e1}' in den Gl. (33) und (33a) der Wert $\frac{k_{e1}'}{1+\nu}$ zu setzen mit $\nu = \frac{N_0}{N_e}$. In den Beispielen S. 57ff. sei $\nu = 0{,}09$ angenommen.

Dann ergibt sich genauer für: Beispiel 1: $\Delta G_1' = 0{,}0266$, Beispiel 2: $\Delta G_1'' = 0{,}0665$, Beispiel 3: $\Delta G_1''' = 0{,}0707$.

b) Es liegt nahe, die Abdämpfe der einzelnen mit gleichem Anfangsdruck arbeitenden Hilfsturbinen für eine mehrstufige Speisewasservorwärmung zu verwenden. Die Hilfsturbinen $h_1, h_2 \ldots h_n$ weisen verschiedene dem Grad der Vorwärmung entsprechende Abdampfdrücke auf. Eine Anlage mit zwei in dieser Weise geschalteten Hilfsturbinen ist schematisch in Abb. 32 gegeben. Der Wärmeaufwand dieser an Betriebsfall III erinnernden Schaltung ergibt sich zu

$$w_3 = G_{(-)}(i_0 - q_c) + \frac{860\, k_{e_1}}{\eta'_{m1}} + \frac{860\, k_{e_2}}{\eta'_{m2}} \tag{114}$$

wenn die Hilfsturbinen h_1 und h_2 die Hilfsmaschinen direkt antreiben. Die Hilfsturbinen können, wie oben angenommen war, Frischdampf oder aber, wie im Betriebsfall IV dies bereits bei einer Hilfsturbine erwähnt wurde, auch Anzapfdampf aus der Hauptturbine zum Betrieb erhalten[1]).

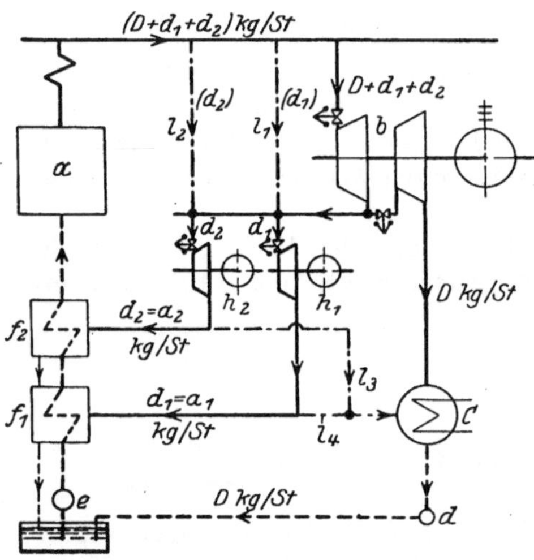

Abb. 32. Schema einer Kraftanlage mit 2 parallelgeschalteten Hilfsturbinen. Betrieb derselben mit Frischdampf (durch l_1, l_2) oder mit Anzapfdampf aus der Hauptturbine b. Einleitung der Abdämpfe in Vorwärmer f_1, f_2.

Soll der gesamte Hilfsturbinenabdampf für Vorwärmzwecke benötigt werden, so setzt dies wieder voraus, daß die Anlage konstant belastet ist. Belastungsschwankungen zwingen wie früher, für die wechselnd anfallende Kondensatmenge der Hauptturbine Speichergefäße aufzustellen, oder aber die Hilfsturbinen mit Niederdruckteilen zu versehen. Da es sich aber hier in der Regel um sehr kleine

[1]) Von Interesse ist hier auch die unter D.R.P. 420 008 patentierte Schaltung der Aktiengesellschaft der Maschinenfabriken Escher Wyss & Cie., Zürich. Sie bezieht sich vorwiegend auf Lokomotivantriebe mit Dampfturbinen, bei welchen bekanntlich insbesondere bei Querstellung der Hauptturbine eine mehrfache Anzapfung der letzteren infolge baulicher Gründe auf Schwierigkeit stößt. Nach dem Patent erhält die Hauptturbine nur eine Anzapfung, welche für die höchste Vorwärmungsstufe und für parallel geschaltete Hilfsturbinen den Dampf liefert. Die Gegendrücke sind entsprechend der Vorwärmung verschieden. Um höchste Betriebssicherheit ohne Rücksicht auf die Wärmewirtschaft zu erreichen, kann die Anzapfstelle vor dem Zwischenüberhitzer gelegt werden, so daß die Hilfsturbinen nur wenig überhitzten Dampf erhalten.

Leistungen handelt, werden zur Betriebsvereinfachung im Notfalle die Abdämpfe der Hilfsturbinen einfach in den Hauptkondensator geführt (Manöverbetrieb). Unter den Parallelbetrieb fallen auch diejenigen Schaltungsarten von Hilfsantrieben welche eine Unterteilung des Antriebes in 2 oder mehrere Einzelaggregate vorsehen. Bei großen Einheiten wird häufig aus betrieblichen und konstruktiven Gründen eine Auflösung des Kondensationsaggregates in 2 Teile vorgenommen, von denen die eine Gruppe elektrischen, die andere Dampfantrieb erhält. Erstere ist vielfach für die am häufigsten vorkommende (Normal-) Last ausgelegt, und übernimmt den Betrieb, wenn mittels des als Zusatz- und Reserveaggregat gedachten Dampfsatzes das Anlassen vorgenommen worden war (s. S. 53 u. 116).

b) Betriebe mit zwei hintereinander geschalteten Hilfsturbinen.

Aus den schon eingangs erwähnten Gründen ist das Bestreben beim Entwurf eines Hilfsturbinenantriebes dahin zu richten, das dieser Turbine zugewiesene Gefälle möglichst zu verkleinern.

Wir haben zur Erzielung dieser Aufgabe schon folgende Mittel kennengelernt:

a) Haupt- und Hilfsturbine erhalten Kesseldampf. Der Abdampf der Hilfsturbine wird bei erhöhtem Gegendruck in einer Stufe der Hauptturbine geführt (Fall II) oder in einen Vorwärmer mit erhöhtem Gegendruck geleitet;

b) die Hilfsturbine wird mit Anzapfdampf aus der Hauptturbine betrieben. Der Abdampf wird entweder in den Kondensator, in die Hauptturbine oder in einen Vorwärmer geleitet,

c) als dritte Möglichkeit, das Gefälle zu vermindern, ist die Hintereinanderschaltung zu nennen. Die erste Turbine enthält entweder Kessel- oder Anzapfdampf aus der Hauptturbine, der Abdampf der letzten Hilfsturbine wird wieder in den Kondensator oder in die Hauptturbine oder in einen Vorwärmer geleitet[1]).

Die Arbeitsweise zweier hintereinander geschalteter Hilfsturbinen ist im Abschnitt II näher untersucht worden. Es dürfte sich im Interesse einer einfachen Betriebsführung empfehlen, nicht mehr als 2 Hilfsturbinen hintereinander zu schalten.

Die beiden Hilfsturbinen stellen dann eine Einheit vor und die zur Anwendung gelangenden Formeln sind sinngemäß aus den Zahlentafeln Nr. 11 und 12 zu entnehmen. Es ist zu beachten, daß für n bzw. n_e die Gesamtleistung beider Hilfsturbinen $(n_1 + n_2)$, bzw. $(n_{e_1} + n_{e_2})$, für $(\eta_k h_k)$ eine ideelle mittlere Höhe $\eta_{km} h_{km}$ und für d das durch beide Tur-

[1]) Siehe das englische Patent „Improvements in Elastic Fluid Turbine Systems". British Thomson Houston Co. Ltd. mit AEG. Nr. 6688 AD 1908.

binen hindurchfließende Gewicht gesetzt wird. In Abb. 33 ist schematisch diese Schaltungsart dargestellt. Es bezeichnen $h_1 h_2$ 2 kleine Hilfsturbinen, die konstant belastet sind und welche ihren Abdampf in 2 hintereinandergschaltete Vorwärmer f_1 und f_2 abgeben. Durch die Umgehungsleitung l kann, falls nötig, die Hilfsturbine h_2 ausgeschaltet werden.

Die Hintereinanderschaltung setzt konstante Belastungsverhältnisse voraus, da die Regelfähigkeit der in Serie geschalteten Hilfsturbinen nur eine beschränkte ist.

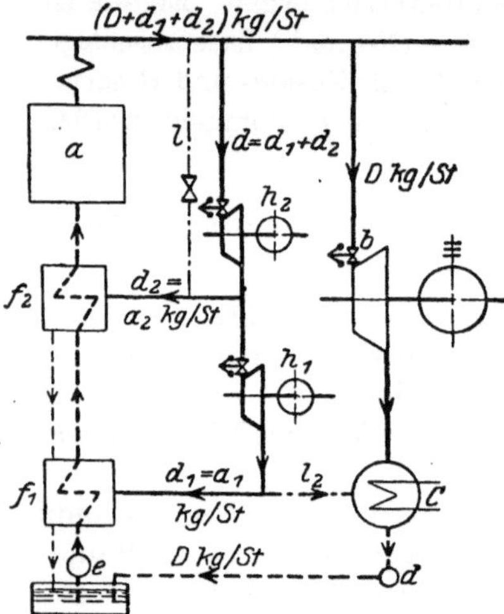

Abb. 33. Schema einer Kraftanlage mit 2 hintereinandergeschalteten Hilfsturbinen. Frischdampfbetrieb und Einleitung der Abdämpfe in Vorwärmer f_1, f_2.

Um die Manövrierfähigkeit der Anlage nicht zu beeinträchtigen, ist es auch hier nötig, Verbindungsleitungen zum Kondensator zu legen, die im Falle eines Ausbleibens des Kondensates in den Vorwärmern den Abdampf der Hilfsturbinen direkt in den Kondensator führen. Bis zu einem gewissen Grade wird auch hier die Speicherung ausgleichend wirken können.

Aber auch bei wechselnder Hilfsturbinenbelastung wird es manchmal nötig werden, die zur Erzielung der Hilfsleistungen nötigen Zusatzdampfmengen direkt in den Kondensator abzuführen, wenn eine stärkere Kühlung der Vorwärmer durch aufgespeichertes Kondensat nicht mehr möglich ist.

Von den vorstehend erwähnten Schaltungen sind die Betriebsarten zu unterscheiden, welche zwar auch 2 hintereinander geschaltete Hilfsantriebe erhalten, von denen aber der erste als elektrischer Antrieb, der zweite als Dampfantrieb für Anlaß- und Reservezwecke ausgeführt ist. Beide Antriebe wirken auf ein gemeinsames Pumpenaggregat derart, daß bei Betriebsstörungen des einen Teiles der andere Antrieb die Leistung übernimmt. Diese Lastübernahme kann entweder durch mechanische Kupplung von der Hand des Maschinisten erfolgen oder aber besser selbsttätig durch eine entsprechende Steuerung. Eine einfache Lösung bietet der Vorschlag nach DRP. Nr. 276 491 von BBC, welcher für den elektromotorischen Betrieb eine höhere Drehzahl der Pumpen vorsieht als beim Eintreten des Dampfantriebes. Durch diese Maßnahme wird beim Motorbetrieb das Einlaßventil der Hilfsturbine geschlossen gehalten. Bei sinkender Tendenz der Drehzahl öffnet der Dampfeinlaß, worauf die Turbine an der Leistungsabgabe je nach dem Drehzahlabfall ganz oder teilweise teilnimmt. Der Nachteil, daß bei Motorantrieb ein größerer Kraftbedarf in Kauf genommen werden muß, kann ähnlich dem DRP. Nr. 404 348 der AEG dadurch beseitigt werden, daß gleiche Drehzahlen der Pumpen bei beiden Betriebsarten und Schaffung eines Einflusses stromführender Teile des Motors auf die Einlaßorgane der Hilfsturbine vorgesehen werden.

Bei allen diesen Vorschlägen, welche die möglichste Vermeidung eines Stillstandes der Pumpenanlage der Kondensation, bei Störungen im Versorgungsnetz der Zentrale, vor allem zur Aufgabe sich stellen, entsteht durch das dauernde Mitschleppen der leerlaufenden Hilfsturbine eine kleine Vergrößerung des Kraftbedarfes. Um hier die günstigsten Verhältnisse zu schaffen, wird in diesen Fällen der Abdampf der Hilfsturbine in den Kondensator geführt, so daß das Gehäuse der Hilfsturbine unter Luftleere steht und diese die kleinste Ventilationsarbeit aufzuweisen hat. Voraussetzung ist aber ein ständiges Dichthalten der Leitungen und eine fortlaufende Kontrolle der Stopfbuchsen der Hilfsturbine, da durch letztere leicht die Luftleere im Kondensator ungünstig beeinflußt werden kann.

Die Hintereinanderschaltung von Hilfsturbine und Motor kann auch dazu benutzt werden, trotz Belastungsschwankungen in den Hauptturbinen konstante Vorwärmtemperaturen zu erzielen. Bei geringerer Belastung, also auch geringerer Kondensatmenge wird bei gleichem Gegendruck der Hilfsturbine deren Dampfmenge je nach der vorzuwärmenden Wassermenge abgedrosselt und die für den Antrieb der unverändert belasteten Hilfsmaschinen nötige Leistung von Hilfsturbine und Motor aufgebracht, wobei letzterer mit steigender Entlastung der Hauptturbine immer mehr Leistung übernimmt.

c) Vergleich der beiden Schaltungen.

Im folgenden sollen die bei 2 Hilfsturbinen sich ergebenden Unterschiede untersucht werden, wenn diese einmal parallel geschaltet, das andere Mal hintereinander geschaltet werden. Die Überlegungen gelten naturgemäß wieder nur für eine bestimmte Last.

Beide Turbinen können als ein einheitliches Aggregat aufgefaßt werden, das auf irgendeine der besprochenen Arten in den Wärmestrom der Anlage eingeschaltet sein soll.

Es sei ferner angenommen, daß die Leistungen der beiden Turbinen n_{e1} und n_{e2} nicht sehr stark voneinander verschieden sind. Bei Parallelbetrieb, der mit gleichen Drucken vor sich geht, sei außerdem $\eta_{k_1} = \eta_{k_2} = \eta_{k m_1}$. Bei Serienschaltung ergibt sich dagegen ein Gesamtwirkungsgrad $\eta_k' = \mu \eta_{km}'$; die Einzelwirkungsgrade η_{km}' sind im letzten Fall größere als η_{km} im ersteren Fall, da die Gefälle h_k' nur ungefähr die Hälfte der Gefälle beim Parallelbetrieb betragen. Es ist daher

$$\eta_{km}' > \eta_{km}.$$

Wie aus den Gleichungen der spezifischen Mehrdampfmengen ohne weiteres sofort hervorgeht, wird bei der Reihenschaltung der Hilfsturbinen der spez. Mehrdampfverbrauch kleiner werden[1]).

Der spezifische Wärmeaufwand verhält sich in den Fällen der Speisewasservorwärmung mittels Anzapfdampf ähnlich. Auch hier ist die Hintereinanderschaltung der Hilfsturbinen vorteilhafter als der Parallelbetrieb. Wird dagegen der Abdampf der mit Frischdampf betriebenen Hilfsturbinen in einen Vorwärmer geleitet (III), so bleibt der Wärmeaufwand/Leistungseinheit in allen Fällen gleich. Werden die Turbinen

---

[1]) Es sei hier auch auf S. 47 und Abb. 12 verwiesen.

aber mit Anzapfdampf aus der Hauptturbine gespeist, so ist der Parallelbetrieb infolge seiner größeren Regelfähigkeit vorzuziehen.

d) Schlußfolgerung.

Wir können zusammenfassen:

1. Großkraftwerke mit Hausgeneratoren.

1. Niedrige (Dampf-) Vorwärmung und Ekonomiserbetrieb.

Die meist elektrisch angetriebenen Hilfsmaschinen werden von einer Eigenbedarfssammelschiene, die nicht mit dem Hauptnetz verbunden ist, mit Strom versorgt. Den Strom für den Eigenkraftbedarf liefert der „Hausgenerator", welcher entweder in Tandemanordnung von den Hauptturbinen oder von einer eigenen „Hausturbine" angetrieben wird. Letztere arbeitet auf Kondensation. Die Vorwärmung kann entweder in die Haupt- oder in die Hausturbine gelegt werden. Meist genügt nur eine Anzapfstelle, welcher der für die Vorwärmung nötige Heizdampf entnommen wird. Die restliche Vorwärmung besorgt der Ekonomiser.

2. Hohe (Dampf-) Vorwärmung und Lufterhitzer.

Die Vorwärmung des Speisewassers erfolgt entweder mittels Anzapfdampf aus der Hauptturbine oder aus der Hausturbine, falls eine solche aufgestellt wird. Im letzteren Falle muß die über den Eigenbedarf des Werkes anfallende Leistung, im Gegendruckbetrieb aus dem Heizdampf gewonnen, an das Hauptnetz abgegeben werden. Haupt- und Hilfsnetz müssen miteinander verbunden werden. Um gegenseitige Störungen zu vermeiden, sind besondere Einrichtungen zu treffen[1]).

Beide Anordnungen haben ihre Vor- und Nachteile. Die Aufstellung eines Hausturbosatzes erscheint angebracht, wenn die Größe der Anlage eine wirtschaftliche Ausführung zuläßt. Die Hausturbine erleichtert das Anfahren und kann, da sie doch mehr Sonderausführung ist, mit einer Regelung auf konstante Drucke versehen werden, so daß eine konstante Vorwärmtemperatur in gewissen Grenzen gewährleistet wird.

Eine solche Regelung könnte zwar bei den Hauptturbinen auch vorgesehen werden, würde aber eine Verschlechterung des Effektes mit sich bringen. Andererseits ist die ungesteuerte Anzapfstelle an der Hauptturbine Druckschwankungen bei Belastungsänderungen unterworfen, die eine Sicherung gegen zurücktretendes Heizungskondensat bei kleinen Belastungen erfordert. Die Grenzleistungen der Hauptturbinen werden aber durch die Anzapfungen vergrößert oder bei

---

[1]) S. Titze S. 96.

gleichen Leistungen infolge des kleineren Austrittsverlustes der thermodynamische Wirkungsgrad etwas verbessert[1]).

Bei Hochdruckanlagen kann bei großen Einheiten auch die Hausturbine mit Dampf aus den Hochdruckkesseln betrieben werden. Kleinere Anlagen lassen dagegen einen Betrieb des Hausaggregates mittels Anzapfdampf aus den Hauptturbinen wirtschaftlicher erscheinen.

2. Kraftwerke mit Einzelantrieben durch Hilfsturbinen.

Wie beim Großkraftwerk ist auch hier der elektrische Antrieb der einzelnen Hilfsmaschinen in den weitaus meisten Fällen der wirtschaftlichste. Der Dampfantrieb nimmt mehr die Stellung einer Reserve ein oder soll zum Anfahren dienen. In diesen Fällen genügt eine einfache und billige Ausführung der Hilfsturbine, deren Abdampf auch aus Billigkeitsgründen direkt in den Hauptkondensator geführt wird.

Sprechen besondere Gründe für den dauernden Dampfhilfsbetrieb, so ist zwecks Hebung der Wirtschaftlichkeit eine Abwärmeverwertung zu empfehlen. Bei Hochdruckanlagen kommt ein Betrieb der Hilfsturbine mit Dampf aus einer Stufe der Hauptturbine u. U. in Frage. Auf die Hauptturbine geschaltete Hilfsturbinen sind bei Frischdampfbetrieben zu vermeiden.

Die wirtschaftlichsten Schaltungen sind aber stets diejenigen Anordnungen, die eine Abwärmeverwertung vorsehen.

---

[1]) Während des Druckes erschien: „Dr. E. A. Kraft, Die neuzeitliche Dampfturbine“, VDI-Verlag, Berlin. S. 19.

Die Abwärmeverwertung im Kraftmaschinenbetrieb mit besonderer Berücksichtigung der Zwischen- und Abdampfverwertung zu Heizzwecken. Eine wärmetechnische und wärmewirtschaftliche Studie von Dr.-Ing. **Ludwig Schneider.** Vierte, durchgesehene und erweiterte Auflage. Mit 180 Textabbildungen. VIII, 272 Seiten. 1923. Gebunden RM 10.—

Abwärmeverwertung zu Heiz-, Trocken-, Warmwasserbereitungs- und ähnlichen Zwecken. Von Ingenieur **M. Hottinger,** Privatdozent in Zürich. Mit 180 Abbildungen im Text. X, 240 Seiten. 1922. RM 8.—; gebunden RM 10.—

Wahl, Projektierung und Betrieb von Kraftanlagen. Ein Hilfsbuch für Ingenieure, Betriebsleiter, Fabrikbesitzer. Von Dipl.-Ing. **Friedrich Barth.** Vierte, umgearbeitete und erweiterte Auflage. Mit 161 Figuren im Text und auf 3 Tafeln. XII, 525 Seiten. 1925. Gebunden RM 16.—

Julius Brand, Technische Untersuchungsmethoden zur Betriebsüberwachung insbesondere zur Überwachung des Dampfbetriebes. Zugleich ein Leitfaden für Maschinenbaulaboratorien technischer Lehranstalten. Neu herausgegeben von Dipl.-Ing. **Franz Seufert,** Oberingenieur für Wärmewirtschaft. Fünfte, verbesserte und erweiterte Auflage. Mit 334 Abbildungen, einer lithographischen Tafel und vielen Zahlentafeln. Erscheint Ende Juli 1926

Bau großer Elektrizitätswerke. Von Geheimen Baurat Prof. Dr.-Ing. h. c. Dr. phil. **G. Klingenberg.** Zweite, vermehrte und verbesserte Auflage. Mit 770 Textabbildungen und 13 Tafeln. VIII, 608 Seiten. 1924. Berichtigter Neudruck. 1926. Gebunden RM 45.—

Die elektrische Kraftübertragung. Von Oberingenieur Dipl.-Ing. **Herbert Kyser.** In 3 Bänden.

Erster Band: **Die Motoren, Umformer und Transformatoren.** Ihre Arbeitsweise, Schaltung, Anwendung und Ausführung. Zweite, umgearbeitete und erweiterte Auflage. Mit 305 Textfiguren und 6 Tafeln. XV, 417 Seiten. 1920. Unveränderter Neudruck. 1923. Gebunden RM 15.—

Zweiter Band: **Die Niederspannungs- und Hochspannungs-Leitungsanlagen.** Ihre Projektierung, Berechnung, elektrische und mechanische Ausführung und Untersuchung. Zweite, umgearbeitete und erweiterte Auflage. Mit 319 Textfiguren und 44 Tabellen. VIII, 405 Seiten. 1921. Unveränderter Neudruck. 1923. Gebunden RM 15.—

Dritter Band: **Die maschinellen und elektrischen Einrichtungen des Kraftwerkes und die wirtschaftlichen Gesichtspunkte für die Projektierung.** Zweite, umgearbeitete und erweiterte Auflage. Mit 665 Textfiguren, 2 Tafeln und 87 Tabellen. XII, 930 Seiten. 1923. Gebunden RM 28.—

Elektrische Schaltvorgänge und verwandte Störungserscheinungen in Starkstromanlagen. Von Professor Dr.-Ing. und Dr.-Ing. e. h. **Reinhold Rüdenberg,** Chefelektriker, Privatdozent, Berlin. Zweite, berichtigte Auflage. Mit 477 Abbildungen im Text und 1 Tafel. VIII, 510 Seiten. 1926. Gebunden RM 24.—

Kurzschlußströme beim Betrieb von Großkraftwerken. Von Professor Dr.-Ing. und Dr.-Ing. e. h. **Reinhold Rüdenberg,** Chefelektriker, Privatdozent, Berlin. Mit 60 Textabbildungen. IV, 75 Seiten. 1925. RM 4.80

Die Transformatoren. Von Professor Dr. techn. **Milan Vidmar,** Ljubljana. Zweite, verbesserte und vermehrte Auflage. Mit 320 Abbildungen im Text und auf einer Tafel. XVIII, 752 Seiten. 1925. Gebunden RM 36.—